★『农家书屋』特别推荐书系

》养殖技术类

湖泊养蟹技术

朱建华/著

湖南科学技术出版社

前 言

河蟹在内陆湖泊进行人工养殖,始于20世纪70年代,最初在江浙等沿海省份试养,80年代初才进入两湖及内陆地区养殖。本人作为一名水产科技工作者,有幸承担了农业部当时下达的科研任务,并在各种类型的湖泊养殖河蟹20多年。实践出真知,自然也就获得了一份难得的人生体验。

近年来由于消费者对无公害、绿色食品的青睐,大规格优质河蟹供不应求,湖泊养蟹也因此而升温。目前,几乎达到了有湖就有蟹的养殖热度。但遗憾的是养殖效果不尽如人意,有的甚至血本无归。究其原因,除了养殖技术严重缺乏之外,还有行业管理上的混乱和一些人云亦云的谬种流传造成了误导。基于此,我觉得有必要把自己多年养蟹的经验和教训写出来,供大家借鉴和参考,这是我写作本书最初的动机和原因。

目前养蟹的科普读物很多,但专讲湖泊养蟹的还没有一本,而稻田、池塘等小水面养蟹的技术又不可能完全照搬到湖泊养蟹上来。所以时至今日,有关湖泊养蟹的技术普及几乎还是一张白纸。技术普及严重滞后于产业的发展,就如同盲人骑瞎马,这是很不正常的。我想,自己身为水产科技人员,已出版的两本水产专业科普书籍还颇受读者欢迎,应该责无旁贷地把这第三本书写好,以飨读者。

进入21世纪以来,我国河蟹产量年年大幅度递增,而优质蟹产量却一年不如一年。原因何在?我认为失误在湖泊。实践证明,优质大闸蟹只能出产于湖泊,而不可能出产于池塘、稻田之类的小水面,这是我们必须承认的科学结论。但是,湖泊资源的严重退化和湖泊养蟹技术的长期滞后却又是我们正在面临的两大严峻现实。需求和现实的巨大反差是我们必须共同正视和努力解决的,本书如果能使这两大现实有所改观,吾愿足矣。

我把本书的受众定位于水产行政企事业职员、养蟹投资者和大专院校初涉河蟹专业的学生。注重湖泊养蟹技术的实用性和可操作性,并用问答的形式来进行表述,力求深入浅出、通俗易懂,尽量少作基础理论方面的分析和阐述。书中某些观点国内同行也许不会赞同,但一家之言引起争论也未尝不是一件好事。真理越辩越明,科学技术有争论才有进步和发展,如果真能抛砖引玉,本书愿做那块引玉的砖头。

朱建华

目　　录

一、河蟹产业的现状及发展前景

1. 如何正确评价我国河蟹产业的现状?

答:我国的河蟹于20世纪90年代初形成产业规模,之后以年均约30000吨的增幅迅猛发展,2006年达到了450000吨,已经成为我国享誉世界、独具特色的水产新兴产业。它经历了由沿海到内地、由天然捞苗到人工生态育苗、由粗养到围网精养这三个极具标志性的发展阶段。我们完全可以自豪地说,我国的河蟹产业无论是产业规模,还是基础理论研究以及养殖实用技术推广,在世界上都是一枝独秀。

但是,我们在蟹业发展的同时却面临着三大尴尬:一是优质大闸蟹产量所占的比例逐年下降。20世纪90年代进入国内4大河蟹批发市场的成蟹,雌雄平均规格在200克左右的比比皆是,而现在能达到175克就可以独领风骚了。二是正宗长江大闸蟹品性退化。过去那种“青背白底黄毛金爪”满身光泽的大闸蟹已十分罕见,而体黑肢短爪乌个小的变种河蟹却充斥于市。三是养蟹单位面积、效益一年不如一年。20世纪90年代湖泊散养河蟹投入与产出比一般在1:5以上,而如今能达到1:3就相当不错了。究其原因,我认为既不是技术上出现了难以突破的瓶颈,也不是受制于市场价格因素的冲击,而是政府和相关职能部门的宏观决策跟不上河蟹产业迅猛发展的步伐,出现了严重的滞后和一些不应该有的偏差。管理也是一门科学,但愿我的一家之言,对读者能有所启发。

2. 发展湖泊养蟹首先应该注意什么?

答:首先应该明白一个道理:不是所有湖泊水域都能养殖河蟹的。行政决策部门要听取水产专家的意见,对辖区内的湖泊水域进行科学分类,哪些是适宜养殖的?哪些是经过改造和培植资源后可以养殖的?哪些是根本不能养殖的?哪些适合粗养?哪些可以进行精养或半精养?各地湖泊水域情况不同,切忌一哄而上盲目发展。以湖南省华容县为例,33公顷以上的湖泊有20多个,可真正适宜于养蟹的还不到一半。20世纪90年代养蟹的7个湖泊个个能够赚到大钱,而现在所有的湖泊都在养蟹,能赚钱的只剩下两三个,其余的湖泊则基本上处于亏损状态,养蟹效益早已今非昔比、大不如前,这就是一哄而上盲目发展造成的恶果。

3. 湖泊养蟹的前景如何?

答:如前所述,我国真正的优质商品蟹只能产于天然湖泊，而不可能产于稻田、池塘等小水面和高密度精养，这是已经被各地养蟹实践所证实了的科学结论。从这个意义上来说，湖泊养蟹的前景十分广阔，怎么评估也不会过分。但湖泊养蟹所面临的3大现实又不容乐观：

（1）养殖面积趋于饱和。长江流域从东往西数，东太湖围栏养蟹早已到了见缝插针的地步，由于在国计民生中水远比蟹重要，2007年无锡蓝藻一闹影响太大了，证明太湖超负荷养殖明显有悖于以人为本的国策，所以政府势必会对太湖围栏养蟹采取限制措施，以还福于民。塥湖、长荡湖养蟹早在20世纪90年代就已经达到了饱和，再扩大规模已无潜力可挖。鄱阳湖区因水位落差大，好多外地投资者都乘兴而来，铩羽而归；有名的赤湖资源再好，因与鄱阳湖和长江通连，养蟹效益有限。号称“千湖之省”的湖北省早在20世纪90年代就湖湖有蟹，20000公顷的洪湖早已为辽蟹盘踞，习惯成自然，一时半会你还“赶”它们不走。湖南的情况同湖北一样，湖泊资源退化，河蟹越养越小，辽河蟹与长江蟹为争夺地盘一直在捉对厮杀。

（2）污染日趋严重。太湖无须再说，安徽的巢湖、江苏的洪泽湖都分别在20世纪80年代和21世纪初期养蟹红火过一阵，它们就像孪生兄弟一样，也都在工业污染的折磨下风光不再。而湖泊投肥养鱼技术的普及，使两湖及内陆地区的湖泊迅速富营养化，湖湖都是臭水，其结果是鲢鳙鱼大丰收河蟹大减产。

(3)养殖技术严重滞后。新加入养蟹队伍的不说,就是多年养蟹的"老兵",如何辨种、投苗、管理和捕捞,都还相当盲目,有的还常闹笑话。试问身处知识经济时代,不懂技术如何养蟹?尽管我国河蟹总量年年递增,优质蟹产量却呈萎缩趋势,根源也就在以上三点。

物以稀为贵,市场上劣质蟹产量越多,价格还有可能下跌,而优质大闸蟹的价格仍有向上攀升的市场空间。那么,怎样才能占得这个先机呢?可以预见的是:得技术者得天下,有资源者定乾坤。

4. 我国有必要建立蟹业准入制度吗?

答:不但完全有必要,而且是刻不容缓。1997 年是我国蟹业发展的鼎盛时期,养殖河蟹进入了"暴利时代",各地盲目发展,不法供种商乘机以次充优牟取暴利,整个养蟹业在狂热中蕴含着巨大的隐患。在这种时代背景下,我向政府部门提出了建立蟹业准入制度的初步构想,主要内容包括:

(1)科学界定养蟹水域,不能养蟹的水域不要挤进圈子里来凑热闹。

(2)人工育苗(当时还没有土池育苗)场的资质要进行考核,亲本要进行鉴定,劣质亲本不准许下池布苗。

(3)严格流域水系界限,蟹种不准跨流域放养。也就是说,不允许辽河苗、瓯江苗进入长江流域各省水域养殖,空运、陆运要严格控制蟹种的跨流域流通，一经发现要坚决退回。

当年省里采纳了我的建议，聘请我在长沙黄花国际机场鉴定蟹种，经我鉴定原机退回的跨流域劣质蟹种达12000千克，从而有效地保护了蟹农的利益。可惜这种措施因种种原因只实施了一年，1998年后，劣质蟹种开始在内地畅通无阻，大肆泛滥，给国家、集体和养蟹投资者都造成了无法估量的损失，我就亲眼目睹了几个养蟹投资者被劣质蟹苗害得负债累累的惨剧。更为严重的是，这种放任自流对我国蟹业发展的破坏性将会是长期的，甚至是无法挽回和弥补的。一个物种的退化在一般人看来或许算不了什么，在生物学家眼中却无异于灭顶之灾，而历史却总是为后者的判断提供了有力的证明。

5. 蟹种的跨流域流动对养蟹业的发展有何影响？

答：从表面上看，蟹种跨流域流通似乎没有影响到我国河蟹产量的增加，而实质上，它的危害在于跨流域蟹种的杂交，已经造成了正宗长江大闸蟹优质品性的严重退化。虽然说它们的生物学分类是同一个种属，也都是中华绒螯蟹，但从酶谱分析乃至个体特征来看，我国不同流域的河蟹存在着相当大的差异。而河蟹跨流域放养后的自然杂交又非人力可以控制，这样势必对正宗优质长江“大闸蟹”的生物学特征造成潜移默化的影响。现在全国几大商品蟹交易市场上,那种“青背、白肚、金爪、黄毛”的正宗纯种长江大闸蟹少得可怜。可悲的是,这种物种退化的现象不但没有让人们警醒,就连国内有的河蟹专家还在宣称,只要水域生态条件好,瓯江苗到长江流域放养,“同样可以获得高产”。难道一个产业的发展仅仅是以“高产”来衡量的吗?

6. 如何防止蟹种的跨流域流动?

答:从现象上看,这是少数不法供种商造成的,但从宏观来说,这是新形势下蟹业管理的系统工程尚不健全的必然结果。所以,绝不是一两个部门亡羊补牢就能弥补的。

首先,立法部门要在专家充分论证的基础上进行立法,把“蟹种不得跨流域流通”这个问题提升到法律的层面来认识和处理。

其次,政府应组成以水产部门为主,有渔政、工商、质监、航运、交通等部门参加的季节性专门机构,对布苗前的抱卵蟹进行鉴定,对跨流域蟹种的流通进行查禁,充分履行政府应尽的行政管理职能。

另外,国家应该强化长江口天然蟹苗繁育海域的管理,禁止乱捕滥捞大眼幼体,并立即建立长江大闸蟹的纯种繁育基地,用正宗优质的蟹种来淘汰劣质蟹种,以遏止长江大闸蟹品性退化的颓势。水产科研部门要把长江大闸蟹的提纯复壮立项进行课题研究，水产大专院校也要把它编进教材，纳入教学计划和课程安排，使水产专业人才在走出校门前就能受到专业的教育，不使谬种流传。

7. 大闸蟹是我国所独有的吗?

答:大闸蟹是长江出产的中华绒螯蟹的俗称。千百年来，大闸蟹生殖洄游进出淡水湖泊，闸口都是必经之处，也是最容易捕捞之处，因其体形比其他河蟹大，大闸蟹因此而得名。其实，绒螯蟹是一个大家族，它的祖籍地应该是亚洲，20 世纪初“移居”到欧洲，60 年代，北美洲也发现了它们的踪迹，目前非洲、澳洲和南美洲尚未有报道。而亚洲的日本、朝鲜半岛及东南亚一带，它们的量还不少。不过，尽管是同一个种属，因气候水文条件的差异，其个体和品质却有天壤之别，即使是同属中华绒螯蟹的辽河蟹和瓯江蟹，与长江出产的大闸蟹相比也难以望其项背。

长江大闸蟹不仅个体大，青背白底有光泽，其营养成分的综合指标也远高于其他水生动物。青虾在内陆水产品中堪称“营养之王”，但在大闸蟹面前就相形见绌了。青虾除蛋白质含量与大闸蟹相近外，脂肪只有大闸蟹的22%，碳水化合物仅为大闸蟹的 1.3%，铁元素含量仅为大闸蟹的 10%，维生素 A 仅为大闸蟹的 4.3%，维生素 B_2 也只有大闸蟹的 10%……吃蟹为什么最能挨饿? 其答案也就在这里。而且大闸蟹肉质鲜美细腻，所以被清代大戏剧家、大美食家李渔用“无以上之”来推崇备至。尤其是江苏阳澄湖的大闸蟹，不但在中国100大知名品牌上榜上有名，而且在海外市场上市，就是奇货可居的珍品，价格也自然不菲。所以，我们这里说的“独有”是单指其品质。严格从生物分类学的角度来说，说独有还是不科学的。明白了这一点，我们就能对蟹业的科学发展增强信心和决心。

8. 有人说，多年养蟹的湖泊河蟹会越养越小、产量越来越低，有这种情况吗？

答：这种论调十分普遍。这种观点不澄清，有可能动摇我们发展河蟹产业的信心和决心。其实，这种观点立论的着眼点在现象，而没有透过现象看到本质。我常用一句话来反驳这种观点：“阳澄湖大闸蟹盛名始于明清，如果这种观点成立，现在的阳澄湖大闸蟹还能享誉世界吗？”。其实，只要坚持科学养蟹，不断优化和培植湖泊生态资源，蟹业的可持续发展就能够千年不衰。

我曾经在华容县水面达400公顷的塌西湖养过河蟹，连续两年成蟹平均体重高达225克以上，被港商所订购。后来转包给一个辽宁老板养蟹，至今成蟹平均个体就没有达到过120克。同一个湖泊差异为什么如此悬殊？除了他投放的是辽河苗外，关键是他每年每667平方米投放蟹种在300只以上！而且又不投饵植草。只过了两年，就把一个好端端的草型湖泊变成了名副其实的“光板”湖，一遇风浪满湖混水，那河蟹又怎么能够生长得好?

所以,湖泊养蟹要长盛不衰其实不难。一要科学投种;二要保持草型湖泊的生态;三要根据情况适当补充螺、蚌等动物性饵料的活体任其繁殖增殖;四要对湖泊外源性营养物质(如钙、铁、磷等矿物微量元素)是否缺乏要心中有数,如果严重缺乏要及时补充。当然,是否缺乏微量元素,必须请专家采集水样用仪器检测才能确定。确保了上述4条,保证你的湖泊年年都能生产出优质大闸蟹来。

9. 河蟹会伤鱼吗?

答:对于这个问题,我们应该从两个方面来看。一方面,河蟹吃鱼是不争的事实,另一方面,河蟹一般都是在水底栖息和爬行,这就决定了它不可能伤及到放养的经济鱼类活体,而只能捕捉到生活在湖泊底层的小型野杂鱼虾。

由于河蟹喜食变质腐烂的肉食,自然死亡的鱼类就成了它们的美味佳肴。于是,河蟹自然成为湖泊水体中的“义务清洁工”了。尤其要为河蟹申辩的是,由于它捕食螺蚌又吃水草,帮助滤食性鱼类消灭了争饵、争肥、争氧的对手,加上它的排泄物还是滤食性鱼类的上佳饵料,所以对鱼类养殖而言,河蟹不但无过,而且还确实有功。实践是检验真理的唯一标准,在20多年的养殖生涯中,我在10多个湖泊养殖过河蟹,面积大到8300公顷小到200公顷,其鲢、鳙鱼产量都大幅度增产,就是明显的例证。

但是，要确保养蟹成功，湖泊不能投放乌鳢、青鱼、大口鲶等肉食性凶猛鱼类，不能吊养珍珠，草鱼、鲤鱼也要控制投放数量，这是在河蟹养殖过程中应该注意的。

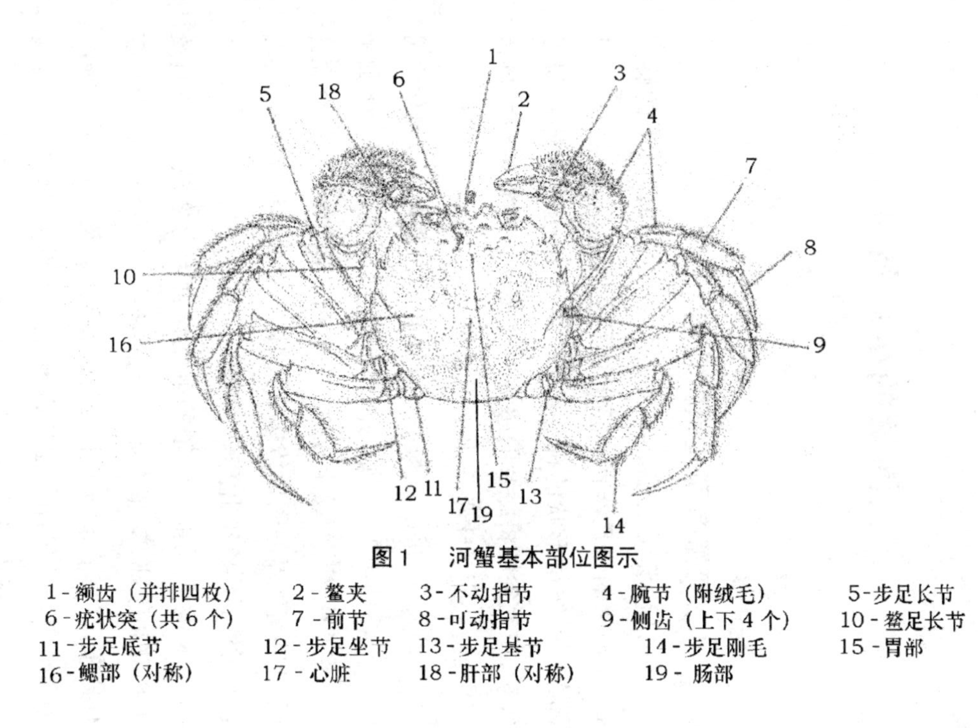

图1　河蟹基本部位图示

1-额齿（并排四枚）　2-螯夹　3-不动指节　4-腕节（附绒毛）　5-步足长节
6-疣状突（共6个）　7-前节　8-可动指节　9-侧齿（上下4个）　10-螯足长节
11-步足底节　12-步足坐节　13-步足基节　14-步足刚毛　15-胃部
16-鳃部（对称）　17-心脏　18-肝部（对称）　19-肠部

二、河蟹的生理特征

10. 河蟹有哪些感觉功能?

答:(1)味觉功能。河蟹的大小触角和口器上的感觉管,是河蟹的味觉器官。感觉管呈空管状,末端封闭,根基部布满呈纺锤形状的神经细胞。神经细胞最远伸及嗅毛尖端,嗅毛尖端将触及的感觉迅速传递给嗅觉神经后再传回中脑,从而对味觉作出正确判断。

(2)视觉功能。河蟹有一对复眼,在眼眶内可以侧伏也可以竖立,活动自如。复眼的内部构造有如万花筒,是由无数个六边形小眼镶嵌拼接组成的。每个六边形小眼就像一个探视镜,能够将外界的图像传递给折射器、受纳器和反光器,再由它们对外界形象作出正确的判断。

(3)触觉功能。河蟹的触觉器官十分发达,几乎遍及头胸部和腹部,甚至在附肢上的刚毛、绒毛和感觉毛上都有分布,器官上布满了细胞突起,稍有触及,即由触觉神经传递给腹脑神经团作出判断和反应。我曾做过一个有趣的试验:在极安静的环境中,我匍匐在湖边草丛中观察河蟹对外界的反应,令一个人由远至近朝湖边走来,发现人蟹距离在30米左右时，河蟹开始有反应，且越近反应越强烈，至3米时河蟹以肢撑立，张开螯角做对抗状。

11. 河蟹为什么要到入海口半咸水中繁殖，再到淡水中来生长？

答：这个问题涉及河蟹的生长机理，要从理论上把它阐述清楚是相当繁冗的。简而言之，由于海口和内陆水体中的钠、钙、铁及其他重金属元素离子的含量不同，其作用于水生动物的渗透压也就截然不同，而水体渗透压的大小又能对某些水生动物的生长和生殖具有决定性的作用，海口水体渗透压高，适合河蟹产卵繁殖，但不适合它们摄食生长，淡水水体渗透压低，适合河蟹摄食生长，却不适合它们产卵繁殖。所以，河蟹、鳗鲡等少数水生动物在水体渗透压的影响下，就体现出明显的生殖洄游特征。

有一个实例可以佐证：在大闸蟹蟹种基地上海崇明岛，很难看到个体达200克的成蟹，而在长江中游各省份，个体在250克以上的成蟹比比皆是，这种悬殊的差异就是渗透压不同造成的。以钠离子含量为例，长江口蟹苗繁殖海域的水体中钠离子含量为2%，崇明岛团结沙、东旺沙一带的水体中钠离子含量为0.5%，水入口有苦涩味道。而湖南洞庭湖水域的钠离子含量仅为0.006%左右，只有崇明岛水体钠离子含量的1.2%。水体中渗透压的巨大差异，决定了河蟹必须溯江而上，寻找理想的生活环境和生存空间,也决定了它们性成熟后必须顺江而下,回原产地交配产卵繁殖。

12. 河蟹的寿命到底有多长?

答:河蟹的寿命公认为两足龄,我认为这只是对雌蟹而言。而雄蟹的实际寿命却差异很大,如果它洄游至入海口,则寿命大约为 22 个月,这主要是交配后的雄蟹体能消耗殆尽,而半咸水的渗透压太高严重影响它们摄食,致使其体能迅速衰竭又得不到及时补充,最终导致死亡。如果雄蟹留在内陆淡水湖泊则其寿命应该是 26 个月左右,也就是两年稍长一点,这主要是淡水渗透压低,开春后它尽管老态龙钟,但还勉强具有摄食能力,体能可以得到适当的补充使其生命得以维持。我每年 5 月起在养殖湖泊从未捕到过二龄雌蟹,但在 7 月高温之前尚能捕捞到一定数量的二龄雄蟹,要等高温酷暑到来二龄雄蟹才销声匿迹。河蟹每年 5 月孵出蚤状幼体,5 月底 6 月初孵出大眼幼体,这样算下来淡水中的雄蟹寿命应该是 26 个月左右了。不过也有例外,有资料证实青海、新疆和有些高纬度高寒地带,湖泊的成蟹蟹龄长达 7 年,那可以算得上“高寿”了。但是我们不能以偏概全,特殊的地理环境和气候条件不能从根本上改变“二龄蟹”的定论。

13. 河蟹一生究竟要蜕多少次壳?

答:我们知道,河蟹是蜕壳生长的,每蜕一次壳,蟹体就要增大一圈。但河蟹一生究竟要蜕多少次壳(皮)?这个问题至今在学术界尚无定论,有14~15次之说,也有17~18次之说,对这些占主流的论断我均不能苟同。

我认为,河蟹即使除开蚤状幼体和大眼幼体蜕壳的次数不算,而从Ⅰ期仔蟹算起,到性成熟最后一次蜕壳截止,其蜕壳次数也不会少于21次。还是让数据来说话:6月仔蟹阶段蜕壳5次。7月至10月底120天左右的时间内长成至扣蟹,蜕壳少则6次多则10次。次年3月下旬至9月下旬180天左右的时间内,从扣蟹到性成熟,蜕壳一般可达10次左右。这样算下来,河蟹即使从Ⅰ期仔蟹算起,其蜕壳次数也不会少于21次,如果加上蚤状幼体和大眼幼体阶段的蜕皮次数,认定为30次应该不属于妄断。

当然,我这一家之言也只是一个概数,实际上河蟹蜕壳次数的多少及蜕壳周期的长短,直接受制于水文条件和气候状况。水质清新、溶氧充足再加上风调雨顺,河蟹蜕壳一般要略高于这个概数。反之,如果水质恶化,溶氧常年低于4毫克/升的标准,尤其是出现长期干旱少雨的特殊气候条件,其蜕壳次数肯定要低于这个概数。2006年7月下旬至10月中旬,洞庭湖区将近3个月气候干热,滴雨未下,这70多天内我观察过好几个湖泊,河蟹蜕壳与正常年景比较,要减少2~3次。

有经验的蟹农说,河蟹生长要靠“天河天水”,也就是说雨量充沛的年份河蟹肯定个儿大。为什么?一是经常下雨使湖水的温差频繁变化,刺激河蟹蜕壳。二是降雨能够补充河蟹生长所必需的大量外源性营养物质。抹去“天河天水”的神秘色彩,其科学道理也就一目了然了。

14. 河蟹多长时间蜕一次壳?

答:河蟹蜕壳没有一个固定的时间表和等量周期。蜕壳周期的长短受3大因素制约:一是蟹龄。当大眼幼体“沉塘”变成Ⅰ期仔蟹,河蟹的蜕壳生长就开始了,从Ⅰ期仔蟹到Ⅲ期仔蟹,每期蜕壳周期为4~5天,从Ⅲ期到Ⅴ期仔蟹,蜕壳周期为7~8天。而从扣蟹开始至河蟹性成熟,蜕壳周期一般在20天左右。二是季节。每年11月初至次年3月中旬,因天气变冷,河蟹摄食停止,蛰伏泥底,它的蜕壳生长也就会相应停止。三是营养状况。饵料充足营养状况好,河蟹的蜕壳周期相应短一些,反之就相应长一些。也有例外,比如说“懒蟹”,长期蜗居在洞穴中很少出来摄食,它们从扣蟹到起捕,蜕壳次数最多不会超过5次,其蜕壳的周期至少为两个月。

15. 河蟹蜕壳后是一种什么状况?

答:河蟹蜕壳本身就给人一种神秘的印象,加之又在水底(也有极少量是在水面草丛中蜕壳的),这就给我们留下了丰富的想像空间。如果真让你看到了刚蜕壳的河蟹，你一定会大吃一惊的。这时的河蟹，完全没有了坚甲利爪，黑漆漆、肉乎乎的一团，依稀还有个河蟹模样，细皮嫩肉滑溜溜的，像团软乎乎的黑豆腐，一指甲还真能掐出水来。这时的河蟹不吃不喝、一动不动，水体的渗透压帮助蟹体吸收水分迅速膨胀，要 24 小时后它们的表皮才慢慢变硬形成甲壳，30 多个小时后才能恢复其本来面目。所以，别以为水中霸王一生都是张牙舞爪、横行霸道，在它们的生命旅途中，也有一次又一次痛苦的水中涅槃，也要面临一次又一次行动迟缓、软弱无力、任其他水族宰割的生死考验。这时的河蟹，就连平时一见到它们就要逃避三舍的小鱼小虾，都可以“欺负”它们了，更不用说那些嗜杀成性的凶猛鱼类，它们会将毫无还手之力的河蟹变成自己的“美味佳肴”一口吞下去！河蟹的这一生理特征也是导致河蟹回捕率不高的重要因素之一。

16. 河蟹一般在什么时候成熟？

答：河蟹成熟期一般为每年的 9 月末至 10 月上旬。有农谚为证：“寒露发脚，霜降逮着”，又云：“西风响，蟹脚痒”。农谚中的“发脚”和“痒”在苏北方言中都是躁动不安的意思，而“寒露”一般是 10 月 7 日或 8 日。这两句农谚流行于苏北上海一带，在过去养殖天然蟹种时，这些农谚对河蟹成熟期的预测是相当准确的。而在从来没有养过河蟹的两湖和内陆地区，河蟹“发脚”一般为10月12日，也就是比苏北地区迟熟4天左右。这是因为纬度和气候条件的差异造成的。

进入21世纪以来天然河蟹苗锐减，土池生态苗占据主流后，流传了千百年的这些农谚不灵验了，各地河蟹的成熟期一般要比养殖天然苗时提早半个月左右。以洞庭湖区域为例，近7年来河蟹“发脚”最早为9月23日，最迟为10月3日，过去的“霜降（一般是10月22日或23日）逮着”也就是指进入旺捕期，现在已经是捕蟹的尾声了。准确把握河蟹的成熟期，适时捕捞，对提高湖泊养蟹的经济效益具有实际指导意义。

17. 河蟹成熟的标准是什么？

答：河蟹成熟的标准有5条：一是从颜色来看，“黄蟹”变成了“青蟹”。青蟹的背甲变得青而有光泽，腹脐也变得洁白如玉，也就是说与黄蟹比较，外观颜色上发生了明显的变化。二是从体形上看已经“圆脐”。成蟹尾脐部明显增厚，雌蟹脐盖边缘线已经“圆”到了整个腹底部，颇现肥满。三是从螯足来看，过去紧贴在螯足前节上的绒毛已经全部蓬松，就像两个鸡毛掸子，这一点雄蟹特别明显。四是从步足来看，腕节和前节上的刚毛变得浓密挺直且略显淡黄。五是揭开脐盖，雄蟹的白“膏”和雌蟹的红“膏”都已经相当丰满。成熟前的河蟹昼伏夜出，成熟后的河蟹，具有“青春期”的躁动，日夜不停地满湖转悠，寻找通往入海口“老家”的通道，而且变得特别具有攻击性，有时在岸边受到人们的惊扰，雄蟹会“呼”地一下用步足直立起蟹体，张开螯角，向“不速之客”以示抗议。

18. 长有步足的河蟹上岸后不会逃跑吗？

答：这个问题要分几个层面来回答。首先，要知道我国几大水系的河蟹都属中华绒螯蟹，它们既然是水生动物，水体就是它们赖以生存的“家”，在性成熟之前只要不发生特殊情况，一般是不会上岸逃走的，对这一点大可不必担心，因为这是它们的生理共性。

其次，河蟹性成熟后会因“出身”不同而大相径庭。辽河蟹成熟期早于长江大闸蟹，瓯江蟹成熟期略迟于长江大闸蟹，这两种蟹性成熟后“家”里条件再好，如果不及时把它们捕起来，就会上岸跑个精光。1998 年以来，湖南华容县就曾有好几个湖泊养殖辽蟹遭受大的损失。好端端的一湖河蟹怎么说没就没啦？后来，竟然有人在湖边高高的山顶树丛中寻觅到了它们的踪影，但为时已晚。而长江大闸蟹则不然，它们性成熟后一般不会离“家”出走，即使有上岸的，也只在岸边 1 米左右的堤坡草丛中歇息几个小时就自己回家了。

最后要说明的是：这也不能一概而论。如果水质迅速恶化，就连最温顺听话的长江大闸蟹，也不管是否已经性成熟而逃之夭夭,这不奇怪,在对待生存环境这个问题上,动物和我们人类的本能是相通的。

19. 河蟹为什么能吐泡沫?

答:这个问题涉及河蟹呼吸系统的构造及其呼吸方式的特殊性。我们知道,河蟹和其他水生动物一样,都是用鳃来过滤水中的溶氧进行呼吸的。不同的是河蟹与鱼类的鳃片构造大不相同。鱼类的鳃呈丝片状,保水功能差,且离水后鳃盖一张开,鳃片就可以大面积与外界空气接触,这样鳃丝很容易干化而失去呼吸功能,所以说"鱼儿离不开水"就是这个道理。而河蟹鳃部的构造就大不相同了,它的鳃片呈海绵体瓣状结构,含水功能极佳,而且隐藏在坚硬的背甲下缘两侧,只有小小的呼吸孔与外界相通,这能确保它的鳃片不易大面积接触空气从而避免被干化。所以河蟹离水后照样能呼吸,几天也不会死亡。即使是高温期间的幼蟹,只要不曝晒,离水上岸置放在阴凉处,存活2~3天一般没有问题。笔者做过一个试验:冬季将一只雄性成蟹干放在住房的竹篮中,不吃不喝居然存活了14天!

了解了河蟹的鳃部构造和呼吸特点后,河蟹口吐泡沫的现象就容易解释了。这就如同小孩用管子插在水中吹泡泡,用力一吹水面不也泡沫泛起吗。同样的道理,河蟹上岸呼吸时,空气通过海绵体瓣状鳃部时有大量含有黏液的水分,自然会形成成团的泡沫了。我们常常(尤其是早上)在养蟹的湖边看到水面上一团一团的泡沫,那就是晚上上岸的河蟹返湖时留下的杰作。

20. 有的河蟹身上长有嫩肢,这是怎么形成的?

答:这是河蟹的一种自切和再生功能。别看河蟹个儿不大,它们在水中凶残着呢。它们不仅爱攻击其他水生动物,而且群集争食时还自相残杀。更有甚者,在缺食时还捕食同类。大蟹吃小蟹、硬壳蟹吃软壳蟹、强蟹吃弱蟹在河蟹家族里更是司空见惯的事儿。这一点跟鳗鲡和黄鳝的习性完全相同。俗话说"好打架的狗没一张好皮"。那么,好打架的河蟹就难免缺胳膊少腿了。更何况,被网线缠住螯足、被水草绊住步足,或被天敌咬住身体的不测事件常有发生。在这种情况下,河蟹的自切功能就发挥作用了,它们可以自断其肢以求逃生活命。

但是,步足和螯足是它们赖以生存的重要组成部分,它们的肢体如果不能再生,就有可能成为天敌和同类的盘中餐。于是乎,这一物种在进化的过程中,在具有自切功能的同时也健全了再生功能,只需十天半月就能再生出新的步足和螯足来,这就是我们常常看到的嫩肢。嫩肢时间长了完全可以恢复原貌。还要补充一句,动物界这种自切和再生的功能并非河蟹独有,蜥蜴断尾再生的本领就不在河蟹之下,这也许就是这些古老物种能够生生不绝,连绵繁衍至今的一大奥秘吧。

21. 河蟹为什么只能横行?

答:这是由河蟹特殊的肢体结构决定的。河蟹膝状关节的斜面是横向的,而不是像螳螂、蝗虫等动物那样纵向的,这就决定了河蟹只能横行而不能纵行。

有人根据河蟹爱成群迁徙、成片摄食的特点,臆断出河蟹在水中迁徙时是群集成一团前进的,其实不然。笔者长期观察河蟹在水底运动的形态,它们根本不是成群前进,而是排成一路纵队横着前进,我把它称之为"蚁行"。而更有趣、更令人惊讶的是,如果一路纵队有百十只河蟹,领头的朝哪个方向,随行者绝对没有一个例外,领头的如果直路不走走弯路,随行者也全都跟着犯"路线错误"。这一点与陆地上的蚂蚁太相似了,所以我把它称之为"蚁行"。河蟹行进中纪律性如此之强,人类也应为之汗颜。

22. 蟹种为什么全部是公蟹?

答:这是河蟹在生理变态过程中的一种特殊现象。河蟹跟黄鳝一样,是一种具有雌雄生理变态特征的水生动物,它们的雌雄生理变态是一个漫长的过程,从大眼幼体到雌雄变态要一年左右的时间,变态前它们一般都呈雄性或亚雄性体征。也就是说,河蟹要到 5 月才开始逐渐变态。

那么,河蟹雌雄生理变态后的比例一般是多少呢?这也是养殖户十分关心的一个问题,因为谁都知道雌蟹比雄蟹值钱。我对20多年养蟹的数据进行了统计,在正常的水质气候条件下,从起水重量来分,雄雌产量为55:45;从起水数量上来分,雄雌比例一般为(45~50):(50~55)。不过因为生存环境的不同也有例外,2006年,湖南华容县中西湖出水的河蟹75%是雌蟹,而且个小质差。我到该湖考察后发现,该湖长年投肥,水质严重恶化,透明度低于15厘米,加上当地从7月下旬以来滴雨未下,高温干热,又无外来水源补充,我认为是这些恶劣的环境因素造成了河蟹雌雄生理变态的失衡,这样的特例也不足以否定前面通过数据分析所作出的结论。

23. 河蟹摄食有哪些特征?

答:河蟹摄食有6大特征:

(1)杂食性。它不但喜欢吃各种肉食性的饵料,也喜欢吃各种植物性的饵料,缺食时甚至连苔藓、腐屑和自己蜕下的壳都吃。

(2)掠夺性。河蟹喜争食,越是食物少,它们争抢得越欢,就像鱼类的"抢食子"以及狮群争抢猎物一样,闹不好连同伴也要螯爪相对,为争食拼得个缺胳膊少腿,两败俱伤。

(3)食量大。河蟹可以连续不断地进食,一晚上吃下几个泥螺更是不在话下。

(4)消化能力强。河蟹主要靠胃和胰脏的消化液消化食物,而肠的消化能力几乎为零。它还能将消化后的营养物质输送到肝脏里储存起来,以补充冬春季长达4个多月蛰伏泥中时的体能消耗。

(5)夜间摄食。河蟹除性成熟后日夜摄食外,其余时间一般都是昼伏夜出夜间摄食。其方式是通过触角上的感觉毛先探明食物,再用螯夹夹住碾碎"粗加工",最后用步足传递给腭足"精加工",变成适口的碎片后送入口器享用。

(6)捕食技术高超。1993年我做过这样一个试验:在一个50平方米的土池内投放10克/只的蟹种100只,然后再投放球形无齿蚌活体10个,个重750克左右,7天后放干池塘检查,蚌壳全部仰天敞开,壳里的蚌肉被撕夹得支离破碎。

三、河蟹的生活习性

24. 河蟹都是穴居的吗?

答:说河蟹都是穴居是一种以偏概全的结论。其实,90%以上的蟹种进入淡水湖泊后,还是喜欢蛰伏在湖底水草丛中、浅浅的淤泥下面、石块、泥堆和土坎阴暗处的。即使是在隆冬季节的晚上,我也匍匐在船头用无影灯观察到了大量的河蟹静伏在水底泥面上的状况,只是稍有响动,它们就用身体崴几下,崴得泥尘泛起,顷刻之间就销声匿迹了。这才是淡水湖泊中河蟹真实的生存状态。

至于说到穴居,少量河蟹确实具有这种习性。据我观察,一是"懒蟹"、"绿毛蟹"爱穴居,这种蟹所占比例本来就小,不足为怪。二是湖堤适宜打洞造穴或湖堤原本就有洞穴,如果有现成的洞穴,河蟹稍加改造就成了安乐窝,它们何乐而不为?三是湖中水质恶化或饵料奇缺,河蟹穴居的比例就会相应增加。四是湖中天敌较多,穴居不失为河蟹逃避战乱的一种选择。许多科普书籍中说的河蟹喜欢穴居也有道理,但那些科普书籍都是写池塘、沟港、稻田等小水面高密度养蟹的,养殖方式及水域环境与内陆淡水湖泊比较都有根本性的区别。

25. 湖堤边常见的土洞都是河蟹打造的吗?

答:湖堤边打洞本来就遭人垢诟和非议,把这种“劣迹”全算在河蟹头上实在有点儿冤枉。其实,老鼠、水獭、黄鼬、螯虾都爱在湖堤水边打洞造穴,而绝非河蟹一物所为。

那么,如何区分它们各自营造的洞穴呢?这也是个很有趣的问题。其实仔细观察要区分也不难。在动物界中,老鼠、水獭、黄鼬的等级比河蟹高,体形也比河蟹大,它们的洞穴口径大,有进口还有出口,这些狡猾的“家伙”早就为自己逃命掘好了退路,这好识别和区分。难区分的是螯虾与河蟹的洞穴。它们的洞穴口径相差无几,都是只有进口没有出口,而且都是在湖泊水位涨落线之间。从外观上看虽无区别,但内部构造却截然不同,河蟹的洞穴从进口入内一般略微向上拓展,而螯虾的洞穴从洞口到洞底直上直下,像个直立的竹筒子。

26. 河蟹最爱吃哪些食物?

答:河蟹是杂食性的水生动物,它爱吃的动物性饵料有鱼、虾、螺、蚌、蚬以及蠕虫、蚯蚓、蚂蟥等软体动物、屠宰场的下脚料乃至变质腐烂的肉食等。河蟹爱吃的植物性饵料有豆类、谷物、薯类及其加工后的副产品;它爱吃的水生植物就更多了，有苦草、轮叶黑藻、伊乐藻、马来眼子菜、菹草、浮萍……那么，哪些水生植物河蟹不吃或不爱吃呢？据我多年观察发现仅有以下几种：水菖蒲、长出水面的荷叶、荷花、王莲、菱叶、芦苇、茭白叶。但这几种水生植物在发芽到长出水面之前，河蟹也吃。更有趣的是，菱的种类很多，都在河蟹的食谱之外，而唯有四角野菱的茎，河蟹却特别爱吃。

1998 年我在塌西湖养蟹时，渔场为满湖的四角野菱无法根除而大伤脑筋，前一年还专门花两万元租动力割草船进行机械刈割，谁知第二年还是满湖菱叶，几乎看不到水面。自3 月初投放蟹种至 8 月末，满湖四角野菱基本灭绝，而且菱茎都是从菱叶往下10～15 厘米处被夹断，几乎无一例外。那一年，该湖的河蟹雌雄个体均重达到了 235 克，连上门调货的外商都甚为惊讶。虽说该湖蚌类资源特别丰富，但满湖的四角野菱也有可能是一个重要的因素。因为我养过河蟹的 10 多个湖泊中，螺蚌资源丰富的不只有塌西湖，而其他湖泊却没有起水过这么大规格的河蟹。

27. 河蟹有哪些特殊的生活习性？

答：一是性成熟之前的溯水性。河蟹在性成熟之前，只要有水流动，它们就会不知疲倦、永不停步地逆水而行。二是性成熟之后的顺水性。此时它们若感觉到水的流动，即使这些流动细微得连我们人类都察觉不到，成蟹也会日夜兼程顺水而下，向着自己出生的“老家”奔去。三是迎风性。风乍起吹皱一湖碧水，这时河蟹保准聚集在湖的上风处，而在下风处是很难寻觅到它们的踪影的。这主要是湖泊上风处风浪相对较小，湖水相对清澈，对河蟹来说也就相对安全。这些细微的差异都逃不过河蟹的感觉毛，其感觉毛的灵敏程度由此可见一斑。四是趋光性。晚上湖边若有光亮，能把成群结队的河蟹引诱过来，这一习性倒跟某些鱼类相似。

掌握了河蟹的“四性”，对湖泊科学养蟹的日常管理和捕捞都具有直接的指导意义。比如说，对湖泊的进出水口就必须加强防逃措施严加管理，捕捞时你能准确判断“蟹路”而将其一网打尽，不使河蟹漏网。

28. 河蟹是否具有“向东性”？

答：河蟹的所谓“向东性”在目前水产学界几乎已成定论，有的专家学者甚至用古地磁学原理来进行了论证，但是我认为这一结论经不起推敲，而一直持怀疑态度。

那么，河蟹性成熟后不都是往东跑吗？你怎么能否定它们的向东性呢？

我认为河蟹的“向东”只是现象，而它们的顺水性和趋光性才是本质。因为中国的地形西高东低，整个长江水系的水流方向大都是向东的，而东海又在中国的东边，加之河蟹性成熟一般始于10月初，其时正值上弦月，月出东方,月光就成了一盏给河蟹指引归程的明灯。现象和本质的巧合,成就了“向东性”的论断,这就是我的解释。

问题又来了,河蟹不是一两个月就能完成自己的向东洄游之旅的,在月亮处于下弦的时候,它们为什么不掉头向西呢?

这也好解释,河蟹的顺水性跟趋光性比较,前者对河蟹的影响远大于后者。有实例为证:1994 年我在湖南南县光复湖养蟹,那是一个经过改造后标准的正方形全封闭湖泊,仅有一个水闸开在西北角,湖水呈静止状态,10 月 12 日河蟹性成熟,正值上弦月,河蟹东边略多于西边,到下弦月时,河蟹西边明显多于东边。10 月下旬微开闸门开始捕捞,全湖 90% 的河蟹是在湖的西、北两个方向捕上来的。

29. 河蟹是怎么交配繁殖的?

答:每年从 11 月上旬开始,就进入了成蟹择偶交配的“蜜月”期。这时的成蟹显得特别躁动不安,它们没日没夜地在水中转悠寻找配偶。和动物界的普遍规律一样,为了保持自己物种的强壮和优势,河蟹择偶交配时也充满了优胜劣汰的血腥争斗。这时的雄蟹面对“待字闺中”的雌蟹,一个个都张开坚硬的螯夹,跟昔日的同伴进行生死决斗,最后由优胜者独占花魁。

赶走情敌后大获全胜的雄蟹很有绅士风度,它用前面两对步足将雌蟹扶得直立起来,面对面呈拥抱状,雌蟹很快接收到了爱的信息，温顺地张开脐盖，露出胸板上一对对称的生殖孔，雄蟹也会张开自己的脐盖，用一对对称的交接器与情侣的生殖孔进行对接，最后将精液输入雌蟹的受精囊中。整个交配过程短则10来分钟，长则一个小时乃至数个小时。交配后的雄蟹和雌蟹都不会“从一而终”，它们劳燕分飞另寻新欢，都会去进行重复交配。每年从11月上旬开始，成蟹除了洄游，几乎都在交配。

其实从雌雄配比上来说，一只雄蟹对付三只雌蟹就绰绰有余了。交配后的雌蟹，一天之内就会产卵，富有黏性的卵粒很快会在腹甲下形成越来越大的卵团，这时称之为“抱卵蟹”。一只体重150克的雌蟹抱卵量可达50万粒左右。抱卵蟹在经历了漫长的冬季之后，到5月海水温度上升，就可以孵化出蚤状幼体来了，这就是我们通常所说的“布苗”。

当然，我们上面所说的抱卵蟹只会出现在海边，而内陆淡水中是不可能出现的。因为淡水中的雌蟹和雄蟹可以完成交配，却不会抱卵。不同水体的渗透压就像魔咒一样决定着河蟹的繁衍，逼迫它们踏上漫长的生殖洄游之路。而洄游到目的地的抱卵蟹，体内必须储备充足的营养，以备漫长冬季的来临，不然的话，它们会饥不择食把自己的卵块都吃掉。

次年5月，“布苗”后的雌蟹一个个全都变得老态龙钟，整个螯足上锈迹斑斑，背甲和腹甲上的青春光泽不再，它们蛰伏在泥中很少活动，靠体内仅存的一点营养物质维系着生命，并很快成为蟹奴、苔藓虫和薮枝虫的中间寄主，默默忍受着这些寄生虫对它们的侵蚀和折磨。随着高温季节的到来，它们也就陆陆续续完成了自己的生命之旅。

30. 河蟹在水中是如何运动的？

答：人们一般以为河蟹只能横着爬行，其实不然。河蟹在水中的运动形态，会因阶段不同而大不相同。最初的蚤状幼体，小得连肉眼都难分辨，此时它们除了两对扫帚状的腭足外，步足还没长出来，尾翼虽有但不健硕。此时它们飘浮在海水中，只能像蠕虫类动物那样，靠腹部的伸缩来缓慢地移动自己的身体。

而蚤状幼体一旦变态成了大眼幼体，那就今非昔比了。这时它们虽说只有芝麻粒大小，但步足长出来了，只是太柔弱还派不上用场。可它们的尾翼却发育得强健有力，此时它们飘浮在水中，只要用尾翼稍一弹射，就能弹出好远。有科普作家称跳蚤为动物界的跳远冠军，如果他们能目睹大眼幼体在水中的弹射速度和一次弹射的距离，他们肯定会把这顶桂冠改戴在大眼幼体头上。

不过，大眼幼体的“运动生涯”太短，五六天过后它们就“沉塘”掉下了水底，变态成初具河蟹模样的仔蟹。此时没有了尾翼的仔蟹只能学着用步足来横着走道了。从幼蟹到成蟹，它们都改变不了这种别具一格的运动方式，只不过它们要浮上水面来透气和摄食时,四对步足或用力划动或顺着挺水植物攀缘,姿态笨拙但还实用,浮上水面抓住依附物就可以了。

31. 早熟蟹是怎么形成的?

答:早熟蟹是由四大因素形成的:

(1)人为因素。现在有的蟹苗繁殖场实行工厂化育苗,在温室中用控温和人造水流等技术手段把河蟹的繁殖由正常的5月提前到了1月,接着又进行几个月的温棚培育成扣蟹,到四五月气温上升后就出棚投放到湖塘去喂养,到当年10月同样也能收获商品蟹。只是一般只有80克左右,规格小,质量差,价格低,但他们以量取胜,也能获取一定的经济效益。

(2)放养方式。一般将二龄扣蟹投放内陆湖泊养殖的早熟蟹较少,而当年将仔蟹投放内陆湖泊套养的则早熟蟹较多,多的可达15%以上。这主要是蟹种提前进入内陆淡水湖,水体中的渗透压对河蟹的生长发育造成的影响。但这种方式有弊也有利。那就是早熟蟹多但第二年的大规格成蟹也多,我认为这种方式的利是远大于弊的。

(3)气候因素。如果长期干热少雨,水温偏高,这也容易促成河蟹的早熟。

(4)饵料单一。如果湖泊中只有动物性饵料,而植物性饵料严重缺乏,那么早熟蟹的比例也肯定要大于正常值。

32. 湖泊无草能养蟹吗?

答:水草茂盛是湖泊养蟹的优越条件,但不少人把它上升到能否养蟹的高度来强调,那就有点儿失之偏颇了。其实,湖泊能不能养蟹的决定因素,是湖泊中螺、蚌、蚬等动物性饵料是不是丰富,水草的重要性次之,远不是决定性的因素。湖南的第一大养殖湖泊大通湖有8267公顷水面,数年养蟹未获成功,都把它归咎于没有水草。2002年我考察后发现该湖螺、蚌资源特别丰富,于是改进养殖方法,实行"两头暂养"(后面章节具体介绍)却大获成功,且至今效益不衰,不失为一个明显的例证。

那么,是不是水草对养蟹不太重要呢?不是。恰恰相反,水草在湖泊养蟹中的重要性是不容低估的。我们对水草在湖泊养蟹中的功能进行了全面系统的总结:一是水草有吸肥净水功能,能改善水质,有利河蟹生长。二是水草是河蟹喜好的饵料,它能确保河蟹生长所必需的饵料平衡。三是水草茂盛有利于河蟹栖息,躲避敌害侵袭,减少伤害。四是不少水草叶片带刺,或根蔓横生,这极有利于河蟹蜕壳,减少河蟹因蜕壳不遂而导致卡壳死亡。五是水草茂盛有利于螺、蚌的繁殖生长,为河蟹提供丰富的动物性饵料。六是水草茂盛对防止河蟹外逃具有直接的阻拦作用。所以,要养殖优质河蟹并提高回捕率,有条件的湖泊种植水草,优化水域资源,是十分必要的。

33. 怎样正确理解和解读一些有关养蟹的农谚?

答:千百年来,渔民在长期的养蟹实践中积累了丰富的经验,他们针对河蟹的生活习性,流传下来不少生动形象的农谚。下面辑录几条:

"九月九,河蟹走。"意思是说九月重阳节一到,河蟹体肥膏满,就要"奔老家生儿育女"去了。

"蟹立冬,影无踪。"意思是说农历"立冬"节气一到,河蟹该走的走了,没走的泥里藏起来了,谁也没法逮到它们了。

"西风响,蟹脚痒。"意思是说中秋一过西风骤起,逐渐成熟的河蟹也开始躁动,它们要寻路奔"老家"去了。

"寒露发脚,霜降逮着。"意思是说河蟹在农历"寒露"节气后开始成熟,到农历"霜降"就是捕蟹的旺季了。诸如此类的农谚还很多,这里就不一一列举了。

对于这些农谚,我们一是佩服老祖宗们对河蟹的生活习性观察得细致入微,比喻形象生动,为我们了解河蟹开启了一道知识之窗。二要说明的是这些农谚产生、流行于苏北,地域性较强,是专对长江大闸蟹而言,并不是放之四海而皆准的。要是辽河蟹也按这些农谚所指的节气来捕捞,恐怕早就"影无踪"了。即使是两湖地区,由于纬度不同,这些农谚也只能作为参考。三是随着土池苗的普及和地球气候趋暖,河蟹的"生物钟"也有所改变,对河蟹农谚这本"老皇历"恐怕也要适当修改订正了。

那么,对照上面的农谚,实际情况到底发生了哪些变化呢?最主要的变化是河蟹成熟期一般都比农谚中的节气提早10~15天,也就是提早了大约一个节气,"处暑"前后辽河蟹就要旺捕了;而"秋分"一过,对长江大闸蟹也要着手准备捕捞了。瓯江蟹的成熟期略迟于长江蟹,前后相差也不会超过一个星期。

另外,农谚中的"蟹立冬,影无踪"是不是那么回事呢?这也不能机械地去理解。在长江流域,辽蟹不用等到"立冬","秋分"时节早就"影无踪"了。而长江大闸蟹真正销声匿迹的准确时间,应该是在"立冬"与"小雪"之间。这半个月内一般都有两次较强的西伯利亚寒潮过程,"立冬"后第一次寒潮过后,河蟹还是能捕到的,只是量少了一点而已,直到第二次寒潮过后,大闸蟹才真正无影无踪了。准确掌握河蟹的这些活动规律,能减少捕捞的盲目性,科学安排捕捞。那么,先辈们为什么要说"立冬"就见不着河蟹了呢?我理解这是泛指"立冬"后的这段时间,而不是只指"立冬"这一天。

34. 为什么说河蟹"服软不怕硬"?

答:河蟹的螯夹能夹碎坚硬的螺壳,它不怕硬的习性由此可见一斑。即使是横在它行进道上的物件,它也非得要把它夹断不可。这种坏脾气常让使用锛钩、挂钩和卡子的渔民叫苦不迭，可谁叫你们绷紧的网线在水底挡了人家的道呢，自认倒霉吧。要是你的手指被河蟹夹住了，用力硬拽，那只能是自讨苦吃，它非把你夹得皮开肉绽、鲜血淋漓不可。这时你只有服软认输，让它悬空夹着，它自然会松开螯夹放你一马。

河蟹面对柔软的网片却驯服多了，少数顽皮的会沿着网片向上攀爬翻越，以展示它们高超的攀爬技巧。多数则以网为线，列队沿网脚前行，于是中了渔民的埋伏，乖乖地钻进了迷魂阵（蟹簖）、地笼这些陷阱之中。另外，成熟后的河蟹趋光性明显，黑暗的地方它们是不爱去的，而专爱往亮处钻。所以，稀网捕蟹明显优于密网就是这个道理。

35. 河蟹的天敌有哪些？

答：俗话说“一物降一物”，别看河蟹在水中横行霸道，它们的天敌还真不少。在它们幼小和蜕壳那段时间，乌鳢、鳜鱼、鳡鱼、鲶鱼等一系列肉食性凶猛鱼类以及螯虾都可以对它造成伤害。就是岸边那些讨厌的老鼠，也会“贼眉鼠眼”地盯上它们，把在浅水边栖息的幼蟹捕上岸来细细地品尝。而它们再小一些时，青蛙、蛇类一次吃下百十来只仔蟹和数量更多的大眼幼体可以说不费吹灰之力。

话又说回来，河蟹也不是那么好欺负的。在它们长成青蟹身上的利甲无须蜕下的时候，过去那些天敌再也别想打它的主意了。

36. 剧烈的天气变化对河蟹有影响吗?

答:有,影响大着呢。有经验的渔民都知道“雨头风尾”能使河蟹躁动不安,河蟹的这一生活习性在性成熟后表现得格外明显。所谓“雨头”就是大雨将至的前夕,“风尾”自然是狂风过后的那段时间了。

河蟹为什么在“雨头风尾”会特别地躁动不安呢?因为大雨将至时,空气中的大气压会发生急剧变化,我们会感到闷热难当极不舒服。这种急剧变化的大气压会使水中的溶氧迅速降低,湖底泥层中的沼气、甲烷等有害气体冒出,水化学因子也会随之发生阶段性的变化。生存环境的改变当然会使河蟹躁动不安。它们的表现,一是在水底列队不停地狂奔,能把浅水湖都搅混了。二是爬上岸来,躲在草丛中口吐泡沫不停地喘息。三是干脆栖息在水面的荷叶或水草上,不肯回到水下去。这几种状态直到大雨降下来大气压恢复正常,河蟹方得消停。

而河蟹在“风尾”的表现只是活动量加剧,一般不会往岸上或水草上爬。大风一般是一天或数天,如农谚中说的“三月三九月九,无事不到江边走”、“小暑南洋(风)十八天”等。狂风自然会掀起巨浪,巨浪自然会搅混湖水,环境的突变会让惊恐不安的河蟹蛰伏泥底或藏进洞穴以求保命。待到风平浪静河晏水清,饿了几天的河蟹才从泥里钻了出来。它们跟人类一样,灾后的第一件事就是先找吃的填饱肚子,吃光了这片吃那片，成群的迁徙自然运动量比先前大多了。掌握了河蟹的这些生活规律，我们在养蟹的日常管理和捕捞上也就省事多了。

37. 河蟹都是同一天蜕壳吗？

答：不是。同一个湖泊的河蟹完成一次蜕壳，少则两三天，多则六七天。这是因为河蟹在摄食营养、体质状况以及孵化日期这几个先决条件上都存在着差异，它们不可能在同一天更不可能在同一时间蜕壳了。尤其是性成熟前的最后一次蜕壳，有的前后相差竟长达一个多月，最迟的要拖到 11 月上中旬才能完成。有一些初养蟹的渔民不了解这一点，一味地想等到河蟹全部蜕完壳都成熟了再开捕，结果耽误了最佳捕捞期而严重影响回捕率，从而造成一些不必要的损失。其实，每年国庆节前后，一般都有 80% 左右的河蟹蜕完壳成熟了，这时就应该开始捕捞。其中尚未成熟的河蟹，可以及时返湖继续养殖以待二次起捕，也可以集中围养，只要坚持多投些动物性饵料，这批河蟹也会很快蜕壳成熟的。

38. 残次蟹多是怎么回事？

答：残次蟹确实是一个让渔民头痛的问题，一只河蟹断两只步足，价格就掉下一大截，缺一只螯足竟然连半价都不值，蟹业市场就这规矩。难道就没有办法把河蟹的残次率降下来吗？当然有。不过要降低残次率首先得找准造成河蟹残次的

主要原因。造成河蟹残次有四大原因:

(1)河蟹之间的相互残杀。河蟹相互残杀不光掉胳膊断腿,有的还在背甲和腹甲上留下累累伤痕,这种蟹就更不好卖了。河蟹相互残杀除了“本性难移”外,缺食和争夺配偶是加剧残杀的直接诱因。

(2)蟹种放养密度过大,如果饵料跟不上去,为争夺饵料相互残杀的几率也会相应提高。

(3)湖泊中敌害生物过多,不愿束手待毙的河蟹自然要与之拼死搏斗,它们会将“适者生存”的规律演绎到极致,其结果自然要付出断肢的代价。

(4)水质偏酸性,严重缺钙。这样会造成河蟹的“盔甲”不坚硬,稍微一碰就容易断肢,或者是因河蟹本身蜕壳不遂造成断肢。

找准这些原因后我们就可以对症下药了。预防的办法是:

(1)科学投种(后面还要详细论述),不要盲目多投,以多是不能取胜的。

(2)捕捞的成蟹如果暂时不出售,应该雌雄分开暂养。没配偶可以争夺,它们也就相对消停了。

(3)常年清除敌害生物,为河蟹生长创造一个安定的环境。

(4)科学补充碳酸氢钙和过磷酸钙改善水质,增加水体中钙离子含量。

(5)科学投喂鱼虾、螺、蚌等肉食性饵料,有效降低河蟹争食的几率,增加河蟹钙、磷等营养物质的摄入量。落实好这五大措施,保准河蟹的残次率会大大降下来。

四、养蟹湖泊的选择

39. 养蟹对湖泊的大小有要求吗?

答:养蟹湖泊的面积不应小于20公顷,因为水面太小,水体交换能力相对较差,难以给河蟹创造最佳的生长环境。但是,小于20公顷的湖泊如果水源通畅,最好的方式是沿湖建防逃设施,实行全封闭高密度精养或半精养,这样成本大利润也大,高投入可以带来高产出。至于湖泊以多大为限,一般认为只要湖泊生态环境优越、湖水不深、回捕难度不大,而你又有足够的经济实力,面积应该是没有上限的。我和国内的一些同行都有在6667公顷以上的超大型湖泊养蟹成功的实例。

不过我们建议:在那些超大型的湖泊养蟹,如果有条件可以用网栏隔离,形成667公顷大小的单块,分块单养比整块合养效果肯定要好,如果能把面积拦隔得更小一些,再适当投点饵料,那效果就更好了。把超大型湖泊用网栏分隔成块,一能保证资源的均衡利用,二能减少河蟹的过度聚集,三能在恶劣天气时有效减少河蟹外逃。与小湖比较,湖面越大水体交换越大,水中溶氧也越高,在水体溶氧高的大湖和溶氧长期偏低的小湖养殖的河蟹质量肯定是不同的。另外,河蟹所需饵料的种类和绝对值,小湖跟大湖相比也不可同日而语。但养蟹湖泊的最佳面积以200~667公顷的中型湖泊为好。

40. 养蟹对湖泊的位置有要求吗?

答:这个问题看似平常,实际上相当重要。有不少上海的朋友来"两湖"及内陆地区养蟹,就因为只重视资源而忽视湖泊位置吃了大亏,有的甚至是血本无归。其实,稍有地理常识的人都应该知道,湖泊离海越近,其水位落差就越小。即使是同为两湖地区的湖泊,位置在汉江及湘、资、沅、澧上游的湖泊绝对比江汉平原和洞庭湖平原湖泊的水位落差要大得多,落差变化也频繁得多。而水位落差越大、变化越频繁对养蟹来说可不是一件好事情。

有人会说,在平原地区的湖泊养蟹有洪水之虞。其实不然,1998年百年不遇的特大洪水,两湖平原地区仅仅溃决了一个排洲大垸,其余上千个大垸都安全度汛。更何况如今国家加大了水利投资,长江及各大江河堤防固若金汤,加上三峡大坝对长江来水的节制,两湖平原地区的湖水水位基本上都是可以调控的了,这一点是上游湖泊所无法比拟的。所以,凡属来内地投资养蟹及内地准备养蟹的朋友,不妨对湖泊所在的位置多留点心,把水位落差大和变化频繁作为投资考察的一个重点,不要单为水草等资源所迷惑。因为养蟹和其他产业一样,保收永远是第一位的。

41. 养蟹对湖泊的深度有要求吗?

答:养殖河蟹的最佳水深为2米左右,最深不宜超过7米,最浅也不宜低于0.6米。水深超过7米,光合作用就会急剧降低,水生植物没有光和作用就难以生长,加上底层水冷,前期温度上不来也会影响河蟹摄食。所以那些水位涨落频繁、常年水深在10米以上的水库不宜养殖河蟹。

而水深低于0.6米则会走向另外一个极端。水位过浅,在夏季极易出现持续高温水体,而河蟹是一种感温性极强的水生动物,它们在水温低于5℃时入泥蛰伏,8℃时出泥有所活动,12℃时开始摄食,18℃~25℃为最佳水温,此时摄食最为旺盛,30℃以上摄食量减少,35℃以上停止摄食。而低于0.6米的水体在夏季阳光的照射下很容易达到这个临界温度,致使河蟹摄食量减少或停止,会直接影响到河蟹的生长。

有人要问了:为什么稻田水浅又能养蟹呢?答案是稻田有浓密的禾苗荫蔽,田中挖有“井”字形深沟,水温一般难以高过临界点。再说,又有谁在稻田里养出优质大闸蟹来了?水位过浅还有一个弊端,那就是早熟蟹多。前面我们说过,长期高温是早熟蟹多的一个重要原因。

42. 养蟹对湖泊的形态有要求吗？

答:同样面积的湖泊如果形态不同,往往养蟹的效果会截然两样。养蟹湖泊的理想形态是“桌面型”,即整板成块,没有湖汊,水口少,湖底平坦,没有深沟大壑。

道理很简单。湖汊越多,越不好管理,加上风雨来时河蟹一般爱往风浪相对较小的湖汊里钻,这给日常管理和捕捞都会增添更大的难度。另外,水口越多,河蟹越容易逃跑,防逃的压力和工作量也会无形增加。如果湖底不平坦,尽是沟沟壑壑,不但捕捞时间长,而且捕捞时很费劲。

43. 湖泊养蟹对水质和泥质有何要求？

答:首先,养蟹湖泊的水质要求是弱碱性,pH 值以7.5～8.5 为宜。弱碱性水质钙磷含量相对较高,这样的水质条件不仅对河蟹而且对所有甲壳类水生动物的生长都是一个重要的前提条件。其次,水体透明度不得低于40 厘米,而且透明度越高越好,河蟹喜欢清新的水质,不同水质中养殖出来的河蟹,其颜色和光泽度是有很大区别的。另外,要没有工业废水和生活污水的污染,水质污染了,起水的河蟹就不能称之为“绿色食品”了。

养蟹对湖底泥质的要求往往容易被人们忽视。其实,湖底泥质以沙性壤土最好,且淤泥层不宜太厚,能让河蟹藏身就行。沙性泥质和黏性泥质的湖泊产的河蟹,腹甲颜色是大不相同的，前者经沙质摩擦光洁如玉，后者腹甲暗淡无光，腹节缝隙中暗藏污垢。我在2000公顷的东湖养过多年河蟹，该湖西边傍山，湖底为沙性浅泥层，东边傍垸区，湖底为黏性厚泥层，湖两边起水的河蟹从腹甲一看就能区分。同一个湖尚且如此，泥质的重要性由此可见一斑。

44. 养蟹对水草的种类有选择吗？

答：当然有选择。俗话说"蟹要养得好，先要有湖草"，从某种意义上来说，选择养蟹湖泊也就是选择湖泊的水草。前面已经详细阐述了水草在养蟹中的作用，但话要说回来，不是所有水草都适宜于养殖河蟹，养蟹对湖泊的水草是有选择的。那么，哪些水草是河蟹最爱吃和最长河蟹的呢？依水草的营养成分和河蟹喜爱吃的程度依次是：苦草、轮叶黑藻、伊乐藻、菹草、眼子菜、次藻等。而那些荷叶多菱角多的湖泊，如果不及时更新水草品种，茂盛的荷菱（四角野菱除外）不但不利于河蟹的生长，而且养出来的成蟹又瘦又小，体表暗淡，无光泽，质量差。

一般来说，水草的覆盖面积至少不能低于总水面的30%，有草单位面积生物量不得低于15吨/公顷（以考察时的储草量为准，不计算再生产量）。至于水草覆盖面积和密度的上限，那当然是多多益善。现在，随着水草种植技术的推广和普及，将劣质光板寡水湖改造成适宜河蟹养殖的优质草型湖泊,已经不再是什么难事了。

45. 养蟹对湖泊的水源有哪些要求?

答:养蟹湖泊对水源的要求是“可调控”。要达到这个要求,必须具备两个条件,一是湖泊的进出水口数量要少,湖泊相对封闭,适宜于养蟹。二是闸口水流节制设施要完备,出水口要建立确保最低水位的滚水坝,这样湖泊的进出水才能为养殖者所掌控,不会出现水位暴涨暴落或朝涨夕落,或一干见底或水大漫堤的情况。

根据这个标准,那些相对比较封闭,水源又有保障的养殖型湖泊应该成为养蟹者的首选,而那些以水利调蓄功能为主的过水型湖泊,即使其他条件优越,也要慎重考虑。一些丘陵环绕的湖泊养殖的成蟹色泽鲜亮,远非平原湖泊起水的成蟹所能比拟,这种现象值得研究。如果与平原湖泊相比较,丘陵环绕的湖泊外源性饵料能够得到大量补充,山坡经雨水洗刷,能够带来丰富的矿物质和微量元素,而这些矿物质和微量元素是河蟹生长所必需的,也恰恰是平原湖泊所缺乏的,原因恐怕就在这里。

46. 养蟹湖泊的周边环境重要吗?

答:很明显这是一个非技术性的问题,但又是一个养蟹投资者在选择湖泊时不得不首先考虑的重要问题。河蟹养得再好,如果不能确保回收,那技术也变得毫无意义了。这里所说的环境包括周边社会治安环境和湖场内部的管理机制两个方面。如果周边社会治安环境不好,民风不正,你这个“露天银行”的管理可就够呛了。

湖泊周边的社会治安环境不好千万不要贸然投资;承包湖泊要单独承包,自主管理,别人有权管理而你又无法控制的时候,受损失的永远是养蟹一方。

五、优质蟹种的选择

47. 如何选择大眼幼体?

答:为了获得优质蟹种和降低成本,不少湖泊养蟹者从大眼幼体阶段就开始了选购。所以,如何鉴别大眼幼体的质量就成了我们必须掌握的一门技术。

坦率地说,三大水系的河蟹在大眼幼体阶段,是很难凭肉眼来进行区分鉴别的。有人说从颜色上能够区分,即使此话当真,我想那么细微的颜色差异,也必须要有参照物对比才行,但是,由于三大水系的河蟹发苗时间不一,有谁在选购长江苗时还能够将辽河苗或瓯江苗带在身边作参照物呢?这实际上是不可能做到的事情。所以,从颜色差异上来区分的办法虽好,但实用性较差。好在这些年蟹苗价格大跌,北苗南运或南苗北运的不法行径已基本绝迹,冒充长江苗的担心也显得有些多余了。不过长江苗尤其是大眼幼体本身也还是有优劣之分的,俗话说"好种出好禾",同样,好苗才能养好蟹。从生物学的角度看,这一原理对植物和动物都是适用的。那么,大眼幼体质量的优劣如何区别呢?这里介绍 4 种简单适用的鉴别方法:

(1)色泽。抓起一把大眼幼体顺光看去,银灰色中透出淡黄光泽的是好苗,若体色黯淡呈死灰色的苗则质量不高。

(2)活力。抓起一把大眼幼体,稍微用力握在掌中,好苗则有明显“拱”手掌的感觉,而差苗则少有或没有这种“拱”动感。然后松开手掌呈平坦状,成团的大眼幼体能迅速散开逃逸则质量好,反之则质量差。

(3)利用蟹苗的趋光性来进行检测:在没有月光的夜晚,两人站在10米来长的池塘一端,一人将大眼幼体倒入池塘,一人及时打开手电将光柱直射在脚前的池塘水面上,若10来秒钟能成群地聚集在光柱之下的大眼幼体则质量肯定上乘,反之,大眼幼体久不聚集或量很少,则质量次之。

(4)取前不取后。蟹苗池中的大眼幼体一般都是用绢筛捞取,内行的购苗者一般青睐先捞上来的大眼幼体,因为越捞到最后大眼幼体的活力越差。上述4种鉴别方法你只须经过几次实践就能找准感觉,时间久了,这种感觉也就成了经验。

48. 如何选择仔蟹?

答:什么规格的蟹苗称之为仔蟹?照目前通常的标准,6~7天的大眼幼体变态沉塘后都可以称之为仔蟹。而有的则把仔蟹的规格定在2000~10000只/千克之间,大于这个标准则称之为扣蟹。其实这些都不重要，重要的是仔蟹价廉，便于长途运输，成活率大大高于大眼幼体，又有利于下年养殖大规格成蟹而受到湖泊养蟹者的重视。

选购优质仔蟹的方法其实很简单，但你必须亲临蟹种塘口。第一步是看苗期，如果是长途运输，你必须选择Ⅳ~Ⅴ期的仔蟹，因为Ⅲ期以下的仔蟹经长途运输成活率不高。第二步是选池塘，先将仔蟹捞取少许倒在塑料盆中，色泽嫩黄泛青有光泽而且活动能力强则质量好。选准了池塘后也不能万事大吉，因为好池塘中也有相当比例的差苗。第三步是坚持正确的捞苗方法：一是坚持不用手抄网，手抄网从水草下捞出的仔蟹质量良莠不齐。二是利用仔蟹的溯水性坚持灌水取苗，这样可将优质仔蟹尽收网中。三是取前不取后，与大眼幼体一样，前面进网的一般都是好苗，而取到最后的清池苗，质量肯定要稍逊一筹了。

49. 如何选择扣蟹？

答：扣蟹的规格目前还没有统一标准，人们一般把规格在1000只/千克以上的蟹种称之为扣蟹。但我认为“立冬”后的一龄蟹种和越冬后的二龄蟹种不论规格大小，都可以统称为扣蟹。不然的话，每年蟹种清塘时一般都有5%左右的“小咪咪”，你再把它们叫仔蟹就有点儿不合情理了。其实这批“小咪咪”养好了，平均规格也能达到150克呢。

对于湖泊养蟹者来说，选购优质扣蟹是一个特别重要的环节。如果购种时走了眼，误购进了假苗或劣质苗，你一年的心血就算是白费了。由于市场价格的影响，近年来扣蟹北苗南调以次充优的不法行为虽然大大减少，但还是偶有发生。所以，对正宗长江扣蟹的鉴定辨别仍然具有十分重要的实用价值。

正宗长江蟹与其他水系河蟹的区别，在大眼幼体和仔蟹阶段用肉眼几乎是难以区分的，而到了扣蟹阶段，随着个体的增大，体形特征也逐渐明显，它们之间的微小差异也显露出来。各种书籍和科普资料介绍的鉴别方法有十几种之多，从形状到背甲上的疣状突、从颜色到步足，鉴别方法林林总总，全都不失为经验之谈。但那些经验和方法都必须有比较才能有鉴别，而在购苗过程中，我们不可能随身带几只辽河蟹来作参照物，所以经验虽好却不便于掌握。那么，有没有不用参照物就能鉴别长江蟹的方法呢？我结合自己的实践介绍 3 种鉴别方法：

一是看步足。长江蟹的步足长度明显长于辽河蟹及瓯江蟹。有人会问，这不也是要有参照物比较才能区别吗？不用。你只需将扣蟹第二步足的长节和腕节折叠并紧贴背甲前缘，其关节折叠处如果与前额平行延长线持平或略高，则证明是长江蟹，如果关节折叠处低于前额平行延长线，那肯定不是长江蟹。

二是看背甲两边的侧齿。我们知道河蟹背甲两边各有四个侧齿，这个特征在各水系成蟹背甲上表现得都比较明显，但在扣蟹阶段，长江蟹与辽河蟹及瓯江蟹是有明显区别的，这一特征主要反映在第四侧齿上，长江蟹扣蟹的第四侧齿相当明显，且呈锐角状，用手触摸有刺痛感，而其他水系扣蟹的第四侧齿则相当不明显，仅有一个印记而已，用手触摸只有凸出的趵突感而无刺痛感。

三是看体形。背甲基本呈圆形，而且左右之宽略大于上下之长的是长江蟹，反之，背甲略为呈方形，左右之宽略小于上下之长的肯定不是长江蟹。

熟能生巧，你要是熟练地掌握了上述 3 种鉴别方法，就不会在选购扣蟹时上当受骗了。

50. 如何培育大眼幼体？

答：河蟹在大眼幼体阶段总共才6 ~ 7 天时间，而我们一般都选购5 ~ 6 天的大眼幼体，这也就是说大眼幼体前 5 ~ 6 天的培育已经由蟹苗场完成了，再除去运输途中 10 多个小时，大眼幼体在内陆淡水中变态沉塘最多也就一天左右的时间。在内陆池塘或湖泊网围的淡水中，尽管培育不出大眼幼体所需的盐水丰年虫无节幼体等适口饵料，但这一天左右的培育却马虎不得，你的前期工作还必须达到“三好”的标准。

首先，必须有一口好塘。蟹塘每口以1333 ~ 2666 平方米为宜，土质为沙壤土，塘中开围沟或“窗棂”沟，形成深水区和浅水区，沟中深水区水深1米左右，滩上浅水区水深0.3～0.5米，进出水排灌自如，水质偏碱性，塘坡坡比1:2.5，塘堤上有纱网布和塑胶防逃板双层围栏设施，使鼠、蛇、蛙等天敌不能入内。另外，蟹塘中水花生等水草面积不得少于1/3。

其次，必须有一塘好水。先用粗盐水溶液泼洒，使塘水达到1毫克/千克浓度，为大眼幼体的自然降盐淡化做好充分准备。同时用干、湿牛粪培肥水质。具体方法是在下苗前可将干牛粪成团下池，而将湿牛粪成堆均匀摆放在水边，数天后塘水呈茶褐色，此时水中枝角类、桡足类、水蚤及轮虫等生物饵料已大量繁殖，大眼幼体就可以下塘了。

第三，必须有一种好食。那就是豆浆拌煮熟后捣烂的蛋黄。但必须适量，总量控制在1:2之内，即1千克大眼幼体日投饵量不超过2千克，还只宜在早晚泼喂，因为豆浆过量遇高温容易恶化水质。有了这“三好”，大眼幼体的最后一两天就能平安度过了。

51. 如何培育蟹种？

答：这里所说的蟹种，包括了仔蟹（有的称豆蟹）和扣蟹两个阶段。它们在管理上大致相同，但在饵料及投喂方法上却略有区别。

（1）不同点：

①匀池。667 平方米水面放大眼幼体不超过 1 千克，但有的养殖户计划出售部分仔蟹或便于蟹种的前期管理，往往会超密度投放大眼幼体或仔蟹。所以，当大眼幼体变态沉塘后的20～30 天之内，必须陆续捕捞一部分出售或分到其他新塘饲养，每 667 平方米水面存塘的 V 期仔蟹以30000 只左右为宜，多余的必须分往新塘。不匀塘密度过大，是不可能培育出优质蟹种来的。

②饵料。仔蟹阶段以捣碎的鱼糜为主，辅之以豆粕等优质植物性饵料，其中尤以豆腐、猪血块与次粉“三合一”的拌和料仔蟹最爱吃。日投饵控制量为 1∶1，即 1 千克仔蟹日平均投饵量不超过 1 千克；而扣蟹阶段肉食性饵料减少，植物性饵料增加到饵料总量的 70% 以上，且种类增多。除了豆粕之外，麦子、瓜类和薯类也占了相当大的比例，如果一味盲目投喂肉食性饵料，不但增加不必要的生产成本，而且育出的蟹种性早熟的比例会大幅度增加。日投饵量也应随着扣蟹迅速增重而及时作出调整，调整幅度前期为扣蟹总重量的 30%，一个月之内逐步稳定在 8%。

(2)相同点：

①管水。水是蟹的命，也是蟹的病，水质不好会给蟹种带来一系列疾病，许多敌害(如蝌蚪、水蛇等)也会混水而入，危害蟹种。所以，水源一定要清新洁净，无污染，进出水口都用纱网兜严格过滤，严防敌害生物侵入。在高温季节，每天要坚持用新水换掉 1/4 的旧水，以保持蟹塘水

质清新、溶氧充足。

②防逃。进出水口是蟹苗外逃的主要途径,水管上常年设置的聚乙烯纱网兜每天早晚都要检查,发现破损及时更换。防逃设施检查的重点部位主要是塘口拐角处和防逃材料接口处,要求平滑无皱折、无破损。用过的饵料包装袋和劳动工具也不能随手乱扔,一旦不小心搭在了防逃网栏上,蟹种有可能沿着这些东西大量外逃。另外,对池塘小裂缝渗漏也不能疏忽,以防止逃苗。

③科学投饵。简单地说就是量要充足,营养要丰富。量足并不是盲目乱投以多为好。由于存塘蟹种重量是一个永远无法准确估量的数据,所以简便实用的办法是以前面所说的日投饵调控量为参照系数,在蟹塘里多设置几个食台,投饵时勤观察,以饵料基本吃干净为标准。营养丰富主要是饵料搭配要科学合理,只精不青或只青不精都不利于蟹种生长。有三个阶段的饵料要以精也就是以肉食为主:一是仔蟹阶段有利于长个,二是“立冬”之前储足能量有利于越冬,三是“惊蛰”之后,有利于补充蟹种越冬后体内营养的不足。除了这三个阶段,其他时间里动物性饵料和植物性饵料可均匀搭配。另外,在投饵时间上也要严格掌握,每天饵料分两次投喂,上午投30%,傍晚前后投70%,因为河蟹一般有夜间摄食的习惯。

④预防疾病。蟹种的很多疾病都是由池塘和水质消毒不严引起的,所以,蟹种下塘前就要严格搞好池塘消毒,

高温季节也要搞好水质消毒,消毒主要是漂白粉和生石灰等杀菌类药物,用法与用量与池塘养鱼消毒一样。

⑤巡塘。每天早晚要坚持巡塘,及时捞掉死蟹、残渣和败草,检查防逃设施,加强恶劣天气的水质管理,高温季节要勤换水和关深水,并及时补充水花生等水草,使蟹种有一个荫蔽栖息的良好环境。

52. 有什么办法能从根本上确保蟹苗质量?

答:只有自繁自育或繁育与养殖联营,才能从根本上确保蟹苗质量。俗话说"母强儿壮",河蟹也一样,必须选择好亲本才能繁育出优质的蟹苗来。近年来由于受市场经济影响,加之我国蟹苗繁殖行业的准入制度尚不健全,而小个体河蟹亲本的抱卵率、产卵率和出苗率在技术难度上远比大个体河蟹亲本容易掌握,在一切按经济效益办事的今天,河蟹育苗场在选购越冬亲本时选小不选大的现象也就比较普遍了,这也是我国河蟹品位逐年下降的一个根本原因,所以我们说只有自繁自育才能根除这一弊端。

但这一建议理想化色彩太浓,实施有一定的困难。因为受场地、设备、技术等诸多方面的条件限制,自繁自育谈何容易?但是如果变通一下,实行繁育与湖泊养殖联营或者自选亲本委托繁殖场繁殖,这种理想并不是不能实现的。只要合作双方都讲诚信,从亲本选择、抱卵、越冬、布苗等几个关键环节相互配合、相互监督,强强联手育出优质蟹苗的理想应该不难实现。

那么,选择什么样的成蟹作为亲本呢?有四大标准:

第一是种系标准,当然是要精心挑选正宗长江大闸蟹的纯种,这条不用多说。

第二是种源标准,亲本成蟹的种源来自天然海域为最好,来自于(生态苗)土池苗次之,而来自于工厂化育苗的最好舍弃不用。另外还必须强调是一代亲本,即同一湖泊的成蟹不能作两次以上的亲本。

第三是规格标准,雌蟹个体不得小于125克,雄蟹个体不得小于200克,雌雄配比按3:1选购。

第四是活力标准,亲本要求膏肥、脂满、活力旺盛,螯足及步足无一缺失,背甲腹甲通体没有损伤。

注:本节中所讲的蟹种培育方法都是以池塘为标准,但同样也适应于湖泊围网。围网如何设置,在后面章节介绍。

六、蟹种的运输和投放

53. 长途运输大眼幼体有哪些技术要点?

答:长途运输大眼幼体是一项技术性很强的工作,只要一个环节不慎,就有可能满盘皆输。因为出苗一般在5月底至6月初,其时气温已高,大眼幼体一怕高温,二怕长时间脱水,所以内陆省份派员去上海运苗的失败者居多,以至于近年来很少有人长途运输大眼幼体了。其实,要成功长途运回大眼幼体也不难,再难的事儿也有诀窍,只要严格掌握五“度”就行了:

(1)活度。也就是强调大眼幼体活力要强、素质要好。为了达到这一标准,要在确保苗龄已经超过5天,通过验苗(用手握苗和察看体色)后再优中选优,捞苗装箱启运都必须在晚上进行。操作方法是:捞苗先用强光照射,那些素质优良的大眼幼体会很快聚集在强光之下,这时用绢筛手抄网或拉网先将光柱中的大眼幼体迅速捞起,即“捞亮不捞黑”,待光柱下的苗群稀疏后立即停止,转池另捞。这等于是利用大眼幼体的趋光性进行了一次优胜劣汰的筛选,那些迟迟游不到灯光下的大眼幼体其素质肯定要稍逊一筹,到了清池捞上来的大眼幼体，就是送给你你也千万别要。

(2)密度。一般选用长 65 厘米、宽 45 厘米、高 10 厘米的杉木纱窗蒸屉式苗箱，每箱放 1 千克大眼幼体为宜，均匀撒放，不能让它黏结成团。

(3)湿度。一切以湿润但不滴水为宜。为了达到理想的湿度，要注意五道必要的工序：①捞苗前将苗箱在水中浸泡一天，让苗箱上的杉木吸足水分，然后起水备用。②将湿润的、相对硬朗不易腐烂的次藻类水草均匀地在苗箱底薄薄地铺上一层，在箱框上方内侧用大头钉将湿润的海绵条分点固定。③将捞起的大眼幼体倒在绢筛布上，提角成袋甩干水分，然后按每箱 1 千克的标准均匀地撒放在箱中的水草上。大眼幼体切忌带水装箱，苗体带水装箱极易黏结成团，危及蟹苗生命。④以 5 屉左右为一整箱，层层套牢，加木盖后用打包带呈“十”字固定，然后就可以装车启运了。⑤途中备一喷雾器，如路途较远，运输超过 10 小时，可在车箱内喷1 ~2 次水雾，以保持车厢空气中的湿度。切忌开箱喷雾，更不可将水直接洒向蟹苗，以防蟹苗黏结“烧包”死亡 。

(4)亮度。车窗要用黑布遮严，以免白天光线透入，引起大眼幼体躁动，过度躁动会大量消耗蟹苗体能而引起不测。

(5)温度。长途运苗必须使用带空调的厢式货车或撤掉座位的小型空调客车，车厢中的温度保持在18℃ ~20℃。押运人员在车内不得抽烟喝酒,因为大眼幼体对刺激性的气味十分敏感,躁动会使大眼幼体消耗能量造成脱水死亡。在临近目的地时,押运人员要随时与目的地人员保持联系,掌握当地的温度,如果目的地温度远高于运苗车内温度,押运人员要在计算好路程和时间的前提下,有意识地逐步调高车厢内的温度。即使车到目的地车厢内外温差还在5℃以上,大眼幼体也不能贸然卸车,这时可打开车门或车窗,让车厢内外温度基本接近后方可卸车。因为任何水生动物苗种骤然进入温差超过5℃的环境中都会出现不良反应,而且温差越大危险越大,大眼幼体更是如此。温度是长途运输大眼幼体的关键,如果最后一个环节掌握不好,即使一路平安也会功亏一篑。

上述方法在路途长达18个小时以内时是相当实用和安全的,如果路途时间超过18个小时,上述办法的实效也会随之相应降低。另外,如果把天然苗与土池苗作比较,长途运输的成活率前者要明显高于后者,而且仔蟹也是一样。

54. 大眼幼体投放下塘时要注意些什么?

答:前面说过,在大眼幼体抵达前,蟹塘要按1毫克/千克的浓度标准遍池泼洒粗盐溶液,这是大眼幼体顺利降盐淡化的一个必要措施。经过长途运输抵达塘口的大眼幼体,切忌直接向水里倒苗,而应该将苗箱解开后一屉屉平放在水面上,用洒水壶朝苗体均匀洒水,待池水渐渐渗漫后,再让大眼幼体自动爬出,这能使蟹苗对新水体有一个适应的过程。与此同时,向池内泼洒适量豆浆拌蛋黄,这是为大眼幼体长途迁徙移居新家的“接风宴”,能使其途中消耗的能量得到及时补充。

下苗时万一遇上雷雨大风等恶劣天气,而时间又不允许延误,一定要派人下塘拉起塑料布,为大眼幼体遮风挡雨,切忌让雨直接浇向大眼幼体。至夜间,可用手电在塘口四周定点照射,强化大眼幼体的群体运动,谓之“炼苗”,这有利于提高蟹苗的整体活力和加速对新水体的适应程度,也有利于将一部分弱苗淘汰。至次日起,要逐日加注新水,换掉部分老水,使降盐淡化得以循序渐进地进行。

55. 仔蟹如何长途运输?

答:仔蟹长途运输时一般要注意4点:

(1)必须是用灌水采集的方法采集的仔蟹,先置放在清水中一个小时后才能启运。如果是干池采集的仔蟹,则必须先将仔蟹用纱网苗袋装好,置放在清澈的流水中两个小时,将仔蟹鳃中的泥沙冲洗干净后才能正式装袋启运,这道必不可少的工序俗称“透水洗鳃”,丝毫都马虎不得,否则仔蟹在运输途中有可能因“烧包”而出现大量死亡。

(2)必须用纱网苗袋包装。装仔蟹前每个纱网苗袋中先放进一团拳头大小的新鲜水草(有一定硬度且不易腐烂的次藻类水草为好),然后每袋装进1.5千克左右的仔蟹,扎口时松紧要适宜，扎得太紧，仔蟹会因过度挤压而受伤或死亡；扎得太松，仔蟹会因活动过量，能量消耗大而脱水或出现残肢过多。

(3)严格控制温度。仔蟹运输一般都在盛夏酷暑，所以途中运输的温度掌控更要特别小心。控温方法与运输大眼幼体大致相似，但温度一般以20℃~25℃为宜。若运输车辆不是空调车而是能隔热的厢式货车，也可以在车厢四周先置放6~8块大冰块，然后再装仔蟹。但这里要特别强调两点：一是冰块要固定，车厢底部要放置厚木板，确保仔蟹不与冰块和途中融化的冰水直接接触。二是每块冰块不得小于10千克，且必须是低温冷库(-18℃以下)冻结的冰块，因为高温冷库(-5℃左右)出的冰块在车厢中一般3~4个小时就会全部融化，难以起到全程降温的作用。

(4)不能堆放挤压。装车时袋与袋之间只能紧挨平放而不能堆码，但为了充分利用车厢空间，可以设置浸透过水的分层杉木隔板，也可以将苗袋先放入有盖的藤篓或竹篓中再进行错篓码放。

56. 仔蟹下水时要注意些什么？

答：仔蟹运到塘口后，下水时要注意以下4点：

(1)坚持同温下水。跟大眼幼体一样，要待车厢内外温度大体接近时才能卸车，切不可不试水温就贸然下池。

(2)严格透水程序。卸车后的仔蟹不要急于开袋下水,而应先将装满仔蟹的纱网苗袋全部在池水中浸泡片刻,然后提上来滤干水分,过10分钟再透一次水后才能开袋投放仔蟹,这两道工序对经过长时间脱水干运的仔蟹是十分必要的。因为仔蟹的鳃功能还不强,由干到湿还得有个适应过程,而猛然下水会对仔蟹造成不利的强刺激。

(3)最好让仔蟹自动下水。可事先在水面上置放门板或桌面,将透过水的仔蟹开袋倒在木板上,它们会争先恐后地爬下水去,这样能剔除死蟹和弱蟹,对健康蟹的生长有好处,也有助于更准确地计算河蟹养殖的实际成活率。

(4)及时投放饵料。在仔蟹下池的同时投喂新鲜鱼糜供它们摄食,使它们途中能量消耗得到及时补充,投饵量为1:1.5,即1千克仔蟹投放1.5千克鱼糜。

57. 扣蟹长途运输有哪些注意事项?

答:扣蟹运输一般在冬、春两季,此时温度较低,没有高温的威胁,一般厢式和加篷的货车都能运输。但也必须注意以下几点:

(1)严格透水。此时起塘的扣蟹经过冬春的泥底蛰伏,鳃中普遍饱含泥沙,必须先将扣蟹装进纱网苗袋中成批排放在流水水泥槽中,用抽水机或水泵抽清水不断地冲洗两个小时左右,然后起水分级打包,不然也容易在长途运输中“烧包”死亡。

(2)合理码放。扣蟹的甲壳已经比较坚硬,运输时适当挤压也没有太大的问题。但凡事也得有个“度”,盲目堆放挤压也会出问题。合理码放的标准是:每袋装4千克扣蟹,袋中不用装水草,扎口松紧适度,如果车厢中有隔板,每层可垂直叠放两袋。如果袋装后外加竹篓,垂直错篓码放5~6层也没问题,只不过每两层必须加上一层隔板,以防堆码过高压伤扣蟹。

(3)相对封闭。如果用敞篷汽车运输,装扣蟹的竹篓上面必须加油毡,否则途中冷风吹袭,扣蟹容易风干脱水,或遇下雨,扣蟹沾“生雨”也容易造成死亡。

(4)掌握时间。选购扣蟹的时间最好在3月中旬以前,因为每年到3月中旬时气温骤升,扣蟹活动量加大且开始摄食蜕壳,如果恰遇扣蟹在运输途中蜕壳,那死亡率自然会大大增加。所以,对于选购运输扣蟹,我们提倡宜早不宜迟。

58. 如何防止“药水苗”?

答:所谓“药水苗”,就是蟹农在蟹塘出售头批扣蟹后(头批扣蟹个体大,干塘容易成批量捡到),随着扣蟹存塘数量的减少,剩在蟹塘里规格相对较小和藏在泥里的扣蟹如果再请人工来挖或捡在经济上已不合算,于是,那些不讲职业道德的蟹农就会往蟹塘中灌水,然后用违禁药物将剩在塘里的扣蟹“呛”出来,这种用药物呛出来的扣蟹我们称之为“药水苗”。

“药水苗”根据其中毒的程度，尽管包装启运时不会死亡，但在运输途中和下湖后，几乎无一能够幸免于难。而更让人忧虑的是，面对日益普遍的“药水苗”，各产苗基地的行政当局竟然没有出台相应的防范处罚措施。

那么，购苗者如何防范“药水苗”呢？主要有以下方法：

一是睁大眼睛仔细识别，“药水苗”从外观看虽然极难辨认，但仔细鉴别还是能窥见端倪的。从活力上看，“药水苗”明显不及正常苗。从步足看，“药水苗”略显僵直，尤其是抓在手中时，正常苗会伸缩乱动，而“药水苗”撒开步足时，很少伸缩活动。从腹脐部位看，中毒轻的虽与正常苗难以区别，但中毒重的可隐约看到一条黑线。

二是购大不购小，这能有效降低误购“药水苗”的几率。第一批人工起塘的扣蟹，规格一般在 200 只/千克以上，即使再不法的蟹农起第一批苗也不会使用药物，因为他们经济上不合算，而且存在着死苗的风险，所以，购大苗应该是保险的。

三是购早不购迟。按惯例，“药水苗”每年最早出现在 3 月中旬，因为这时各塘口第一批大苗已起塘完毕，剩下的他们才用药水一呛了之。

当然，堵截不如预防，被动挨宰不如主动出击，我们只能寄希望于当地政府教育蟹农提高职业道德，并尽早出台相应的行政法规,对不法蟹农依法进行严厉惩治,才能从根本上杜绝“药水苗”对我们造成危害。

59. 扣蟹如何投放?

答:有人以为扣蟹运抵湖边,只需朝湖里一倒就行了,其实这是不科学的。

首先,它同样必须“透水”。跟仔蟹下湖一样,扣蟹经过长途运输鳃丝脱水严重,它对水分的吸收也要有个缓冲的过程,扣蟹“透水”的方法跟仔蟹一样,这里不再重复。

其次,也要用木板浮水。让透过水的扣蟹自动从木板上爬下水去,这样有利于剔除死蟹和病蟹,减少蟹病的传染。

再次,必须多点投放。扣蟹的攻击性远强于仔蟹,在水草茂密的湖泊里,短时间难以扩散,如果集中投放密度过大,扣蟹往往会因争抢食物而自相残杀,造成不应有的死亡和残次。

最后,投放点要有选择。一般浅水区比深水区好,有草区比无草区好,泥层浅比泥层深好。这样的选择有利于扣蟹躲避敌害和及时扩散,也能有效降低相互残杀的几率。

七、“两头暂养”技术

60. 什么叫“两头暂养”技术?

答:“两头暂养”是我在20多年湖泊养蟹实践中积累总结出来的一套行之有效的成功经验和实用技术。前面所讲的蟹种投放要点,那是针对湖泊常规养蟹而言,只是一种常规技术的普及,而“两头暂养”则是在这种普及技术基础上的提高。湖泊要养殖优质大闸蟹和提高回捕率,还非得大力推广“两头暂养”技术不可。

所谓“两头暂养”,是指前头暂养扣蟹,后头暂养成蟹。从时间上来说,也就是3月初至5月上旬在湖泊中用单层围网将扣蟹集中喂养后再撤网散养;9月下旬至11月下旬在湖泊中用双层围网对成蟹集中喂养后陆续起水上市销售。因为市场上10月主销雌蟹,11月主销雄蟹,可以获取季节差价。加上雌蟹和雄蟹的成熟期有一定的时间差,而集中精养能加速成蟹的膏红脂满,便于大批量长途运输,喂得好还能增重3% ~5%,真是好处多多。总之一句话,后一个暂养是市场需求“诱”出来的,也是长途运输逼出来的。

61. “两头暂养”有哪些好处？

答:“两头暂养”的优点较多,这里只举其中主要的3条:

(1)有利于防逃,提高回捕率。前面说过,扣蟹进入内陆湖泊后,对新水体有一个适应的过程,这主要是由于新水体对扣蟹渗透压的暂时失衡造成的,所以在河蟹外逃中,扣蟹外逃一般都会占有相当大的比例。扣蟹暂养技术实施之前,每年扣蟹一下湖,也正是长江中下游地区水位涨落最频繁的时期,这时无论你的防逃设施有多好,湖泊周边进出水口外逃的扣蟹都会有如过江之鲫,令你防不胜防,这是常规养蟹回捕率低的一个主要原因。而扣蟹下湖就集中围养,它本事再大也无法逃脱,还可以强制它们适应新的水体。

(2)有利于保护水草资源。搞水产的人都知道,3月下旬至5月上旬是绝大多数水生维管束植物发芽生长的季节,此时,蛰伏了一个冬春的扣蟹饥肠辘辘,逮到啥就吃啥,植物嫩芽正好对它们的胃口。道理明摆在那儿,消灭一棵芽就会少长一兜草,芽都吃光了水草还能生长吗?而围养起来的扣蟹,要消灭的也只是围网中小面积的水草,围网外大面积的水草则可以茁壮生长不受影响。

(3)可以集中催肥。这个道理相当简单:围网圈养的扣蟹有充足的营养丰富的精料,而散养的扣蟹却整日整夜为觅食而奔忙,那两种效果肯定不一样。除了这三大好处外,还有能防敌害、便于管理、适应市场消费需求等,这里就不再一一列举了。

62. “两头暂养”的围网最好设置在哪里?

答:“两头暂养”的围网设置选址十分重要。一般要强调“前南后北”,即扣蟹围网要选择在湖泊的南方,成蟹围网要选择在湖泊的北方,而且都要靠近岸上的公路。道理很简单:3～5月多南风,9～11月多北风,前后两个围网都是处于“上风”水域,暂养时风浪较小,湖水不易混浊,而且便于操作管理,不会损坏网具。投放扣蟹和运销成蟹都是掐时间的活儿,离公路太远会无谓地浪费时间,而靠近公路则便于装卸启运,也便于日常管理。

另外,围网最近要离岸30米,这是基于两方面考虑:一是河蟹密度过大容易傍坡打洞,远离堤岸可以有效克服这一弊端。二是防止老鼠咬坏围网,因为对于岸坡边上的鼠害来说,30米应该是一个安全距离。

那么,为了节省网具,是否可以选择有石板或水泥板的堤坡边插网呢?那是不行的。那样插网虽然能够节省一半的网具,河蟹也不可能傍坡打洞,但新的更大的隐患却来了。因为群集躁动的河蟹会不停地沿水泥板爬动,这样很容易磨钝利爪,而利爪前端的微细孔一旦暴露,细菌会沿小孔侵入蟹体,造成烂肢甚至死亡。

63. 如何设置围网?

答:暂养扣蟹和成蟹的围网都可以选择聚乙烯网片,但规格和网目却不尽相同:围养扣蟹的网片线股规格为3×3、网目3厘米(暂养200只/千克以上规格的扣蟹);而围养成蟹的网片规格应为3×4、网目为4.5厘米。扣蟹围网可用单层网,围网内侧自上纲往下固定20厘米宽的防逃薄膜(16丝以上规格),下纲安装石笼,用脚将石笼踩进淤泥即可。

而成蟹围网相对复杂一些,围网必须双层,其里层围网的上纲向内折成30厘米宽,呈鸭舌帽沿式的反网,反网纲上再悬挂20厘米宽的防逃薄膜,这是目前成蟹防逃最好的一种方式,我把它冠名为"帽檐式垂帘反网"(见附录图3),目前已经在全国推广。而下纲最好用"反锚"入泥固定,因为秋冬时有风暴,石笼抗风浪能力远不如反锚。

反锚安装的办法是:先根据湖底泥层的深浅和软硬程度决定反锚所需的材料,泥层浅、泥质硬可用竹片为锚,将锚钩勾住围网底纲,然后将竹锚钉入泥尘硬底就行了。如果泥层深而且软则不宜用竹锚,可量好泥层深度,先在围网底纲上用聚乙烯绳等距离吊好旧网片团,吊绳长度与软泥层深度大致相当,然后令人成排站在船上,手执长柄铁叉同时用力,将网片团压进硬底泥层即可。外层网网目可大于内层网,无须安装防逃薄膜,下纲用石笼入泥即可。

两层网的网巷之间要安放信息地笼,用于准确掌握成蟹外逃信息,及时进行补救。两层网之间的间距以 6 米为宜,便于渔船入内操作。支撑网片的竹篙间距也比扣蟹围网要密一些,一般间距以 3 米为宜。另外,围网面积(以内围计算)要根据河蟹入围重量来设置,大小一定要适宜。具体标准为:扣蟹 50 千克/667 平方米;成蟹 150 千克/667 平方米,最多不能超过 250 千克/667 平方米。

64. 河蟹"两头暂养"期间如何喂养?

答:首先,当然是"吃"什么对河蟹更营养。河蟹"两头暂养"期间的饵料配比大致相同,都是以动物性饵料为主,植物性饵料为辅,两种饵料的配比大约为7:3 或 8:2。动物性饵料以螺蚌肉、鲜鱼块及屠宰场下脚料为好。尤其是暂养的成蟹,暂养期间你如果能杀几只活羊供它们摄食,它们对你的回报肯定远不止几只羊的价值,因为羊肉对快速增加成蟹的红、白"膏"具有特殊的功效。植物性饵料以豆粕为优,其次是豆类、麦子、瓜类和薯类。

其次,是怎么"吃" 最科学,也就是如何投喂。扣蟹的投饵以傍晚为主,一般为投饵总量的 70% ,其余 30% 可在上午投喂,因为扣蟹一般都在夜间摄食。而成蟹则是昼夜觅食,所以,上午、下午和晚上各投 1/3 就行了。动物性饵料要粉碎或切碎,瓜薯类也要刨切成条块状,而麦子和豆类要蒸煮至七分熟或先浸泡两昼夜再投喂,这样河蟹才能快速摄食,吃得舒服。

最后,当然是“吃”多少最合算,也就是准确掌握投饵量了。这里提供一个参数供参考:假如扣蟹暂养两个月,那么,以扣蟹总重量的6%为基数,每半个月增加1%。举例:围养5000千克扣蟹,第一个15天投饵量为300千克/日,之后每过15天的投饵量依次递增为350千克/日、400千克/日和450千克/日。而暂养的成蟹每天的投饵量都为常数,即入围成蟹总重量的8%。当然,还得考虑围网内原有的饵料基础,根据饵料基础的状况对投饵量进行上下浮动。更要考虑天气因素和季节因素,风雨天和“立冬”后就可以相应的少投了,这样才不至于造成浪费。

总之,“两头暂养”都是河蟹生长的关键时期,前一个暂养主攻“量变”,后一个暂养重在“质变”,这两个时期的投入回报率都远高于其他时期,在喂养和管理上切不可掉以轻心。

65. 河蟹“两头暂养”期间如何管理?

答:农业上有“三分种七分管”的说法,河蟹也是一样,尤其是“两头暂养”期间要重视管理。管理的重点有6条:

(1)防逃。围网内的河蟹逃跑了,其他管理再好也是白忙活。要在两层围网之间的巷道内全部安放信息地笼,每天早晚各检查一次,如果发现哪条地笼中有河蟹,肯定是紧靠那条地笼的围网网片或网脚出了问题。要及时派人潜水补网和堵塞漏洞。

（2）防敌害。河蟹及其敌害生物（如老鼠等）对刺激性气味和红色比较敏感，可在围网平水处扎上一线红色塑料薄膜，并定期对围网水上部分喷洒含氯量为30%的强氯精，这样能够有效吓阻河蟹及其敌害生物，形成一道安全的隔离屏障。另外要及时驱赶鸥鸟，防止它们叼食栖息在网边和水草上的扣蟹，造成不必要的损失。

（3）“分居”。为了防止成蟹因争夺配偶而互相残杀，成蟹暂养围网要用网片将雄蟹和雌蟹隔离分开。根据湖泊雌雄蟹的一般量比及暂养时间的长短不同，雌雄蟹在围网中的面积比以4:6为宜。尚未完成雌雄生理变态的扣蟹可以省略分隔这道工序。

（4）优化水体环境。尤其是扣蟹暂养圈内，应该用三角竹架多点固定投放水花生、水浮莲、红萍等水面植物，这既能净化水质又能供扣蟹栖息。而在成蟹暂养围网内，考虑到及时回捕的需要，不必设置。

（5）加强对过往船只的管理。防止柴油、汽油及生活垃圾对暂养区水质的污染，水面油污对高密度的蟹群来说将是致命的。1999年我在塌西湖养蟹时，员工在成蟹暂养区附近清洗船舱，不慎将油污泼向水面，造成两笼吊养透水的成蟹死亡，损失3万多元，铸成了惨痛的教训。

（6）及时撤网。扣蟹暂养时间的长短并不是一成不变的，要根据气温和水草生长情况灵活掌握，如果新生的水草普遍长到20厘米左右或水温持续达到20℃以上,则可以及时拆除围网让扣蟹散开,而不必死守5月上旬这道时间界限。

八、蟹和鱼如何混养

66. 为什么要提倡蟹和鱼混养?

答:道理很简单:河蟹是底栖水生动物,从水体资源利用的角度来看,养蟹不养鱼就等于白白浪费了湖泊的中上层水体,经济上是相当不合算的。

蟹鱼混养除了水体资源能够得到充分利用外,其他的好处还有很多,如饵料的综合利用。河蟹排泄的粪便是不少鱼类的上佳饵料,可供鳙、鲫、鲷、鲴鱼等中上层鱼类直接摄食。作为回报,这些鱼类可以净化水质,为河蟹生长创造优质水体环境,它们除了能直接摄食河蟹的排泄物外,还能大量摄食水中的有害藻类(如蓝藻和绿藻)及污染水质的腐屑物质,这些义务“清洁工”能使湖泊水质长期保持清爽。

蟹鱼混养还可以加速资源的转化,目前市场上河蟹的商品饵料一般价格都很高,而养鱼却能及时大量地为河蟹提供廉价的上佳饵料,以鱼养蟹的料肉比一般为5:1,即5千克低值鱼能长1千克优质蟹,优质蟹以80元/千克计算,5千克低值鱼才20元,这种资源的增值转化率可达300%,

所以应该提倡鱼蟹混养。

67. 哪些鱼类能与河蟹“和平共处”进行混养?

答:俗话说“行要好伴,住要好邻”,常年能够与河蟹和睦相处的鱼类品种当然得严格选择了。能成为首选对象的是生活在水体上层的滤食性鱼类,主要有鲢鱼和鳙鱼。鲢鱼的主要饵料为浮游植物,鳙鱼的主要饵料为浮游动物,而河蟹的排泄物和饵料残渣在光合作用下,能迅速大量地繁殖出这些浮游生物来,加上鳙鱼具有直接摄食粉碎状细小颗粒饵料的功能,河蟹的排泄物在彻底溶解前也可以被它们直接摄食。

生活在水体中下层的主要有鲴类和鲫鱼。黄尾密鲴、细鳞斜颌鲴和鲫鱼的食性都很杂,它们的主食是水体中的腐屑物、商品饵料残渣及苔藓,于是,河蟹的残羹剩食及其衍生物自然而然成了它们的饵料来源。它们能将网片上令人生厌的附着物吃得干干净净,也能将水体中飘浮的饵料残渣尽收腹中,都是些名副其实的水体“清洁工”,河蟹有这样的好邻居,何愁水体不清新?

除此之外,鳊鱼对水草的危害性不大,黄颡、鳜鱼虽然生性凶残,但追食活体的持续攻击能力不强,对河蟹的侵害程度相对较小,也可以纳入与蟹混养之列。即使是对水草资源破坏较大的草鱼,只要控制投放数量,发挥它们摄食水草叶片的功能,把河蟹夹断吃剩浮在水面的叶片收拾干净,亦不能将它完全排除在混养之外,这样搭配混养,水体中才能充满生机,呈现出多品种和谐共生的格局。

68. 哪些水生物种不宜与河蟹混养?

答:有两类水生物种不宜与河蟹混养。一类是跟河蟹食性相近的品种,它们不但与河蟹争食,而且在河蟹蜕壳时能对河蟹造成阶段性的侵害。另一类则属弱势群体,下湖混养就会成为河蟹的攻击对象,养殖它们你会徒劳无功。前一类依次是:乌鳢、大口鲶、鳜鱼、青鱼、翘鲌、鲤鱼、螯虾等。它们的共同特点是食量大,攻击活体能力强,容易对河蟹造成伤害。尤其是乌鳢、大口鲶和青鱼,在养殖河蟹的湖泊中应将它们划为禁养之列。

"弱势群体"主要有珍珠蚌,珍珠蚌数量多水质肯定会恶化,这对河蟹的生长显然不利,而它们透出网孔的斧足正好成为河蟹的攻击目标。饥饿的河蟹还会破网而入,将吊养在网袋中的珍珠蚌全部消灭,这对投入相对较高的珍珠养殖来说,肯定会得不偿失。

69. 不科学投种会产生什么后果?

答:这个问题相当重要。科学掌握品种的投放量,是湖泊养蟹中必须重视的一个问题。令人遗憾的是目前投种的盲目性还相当普遍。不知有多少资源优越的湖泊由于胡乱投种,一年养殖后竟然多年无法恢复。更令人遗憾的是不少人还将这完全归咎于河蟹养殖，那就大谬不然了。

我举两个亲历的例子，来证明乱投蟹种和鱼种所带来的严重后果：一个是塌西湖，水草和螺蚌资源曾令我的不少同行叹为观止，1998年、1999年连续两年该湖养殖的河蟹规格之大名冠广州、深圳河蟹市场，2000年我因该湖周边环境过于恶劣只得忍痛割爱。该湖旋即转包给一个辽宁人养蟹。400公顷的塌西湖当年投放辽蟹种7000千克，近200万只，平均每667平方米超过了300只！刚过7月，全湖寸草全无，一湖混水，当年成蟹个体平均规格不足100克。该湖至今年年养蟹，由于资源无法恢复，导致成蟹个体越养越小，产量越来越少，而且殃及到了鱼类养殖，令人扼腕痛惜。另一个实例是中西湖。我1996年在该湖考察时，400公顷的湖泊碧波荡漾，满湖的苦草状如绿毯，螺蚌资源也相当丰富，于是我与该场签订了1997年养蟹的合同并圈养了隔年仔蟹。谁知到了次年5月准备拆围放蟹时，该湖沿岸竟然出现了长达近1000米，宽100米，厚0.3米的苦草飘浮带。仔细一打听，原来该湖1996年冬捕时，除了将2.5千克以下的草、鲤鱼全部返湖外，还加投了40吨草鱼种！你说哪一个湖泊能够经得住这样一番折腾？这令我叫苦不迭，但颓势已定，无法挽回，当年虽然河蟹和鱼都还养得不错，但那分明是用毁灭资源为代价换来的，丰收也是不可能持续的，此非蟹之罪也。于是1998年转到了塌西湖。如今，当年一湖碧水的中西湖早已面目全非，虽然靠人工投肥支撑着鲜鱼的产量，但早已丧失养蟹功能，2006 年养殖的河蟹平均个体不足 90 克，全是黑不溜秋的，甲壳上全都布满了苔藓和绿黑色绒毛，投 3500 千克蟹种只产了 1500 千克成蟹，昔日养蟹之宝地今日沦落至此，你能说科学投种不重要吗？

塌西湖和中西湖的遭遇都充分说明，鱼种不能乱投，蟹种更不能乱投，水域资源毁灭容易恢复难啊。

70. 蟹鱼混养的湖泊怎样确定河蟹投放量？

答：这个问题看似简单，实际上却是不少投资者失败之所在。投少了浪费资源，效益不理想，投多了破坏资源河蟹长不大，费力不讨好。而目前河蟹多投的现象比比皆是。

那么，混养蟹鱼的湖泊究竟投放多少蟹种为宜呢？这要视湖泊资源而定，资源再差，每 667 平方米投扣蟹也不要少于 50 只，而资源再好每 667 平方米投放扣蟹也不宜超过 200 只，应该在这个幅度内选择投种量，不能盲目投放。因为每 667 平方米少于 50 只，则实际上是以养鱼为主，养蟹只是搭配，量不大养蟹也就被边沿化了。而每 667 平方米如果多于 200 只，再好的湖泊资源也承受不住这么大的载荷，养一年蟹或许可以，接着养就不可能持续了。

需要指出的是，上面所说的蟹种投放幅度是就常规养殖而言,如果能坚持常年投饵,则投种量可以不受上述幅度的限制,那是属于半精养和精养的范畴了。但即便是精养,其投种量也不是不受限制的,每667平方米最多不能超过500只,企图以多取胜,只能是欲速则不达,效果适得其反。

71. 湖泊混养鱼蟹怎么搭配?

答:蟹种的投放量确定以后,鱼类的品种及投放量就容易多了。下面是在湖泊不允许投肥的情况下鱼类品种的选择及投放量(每667平方米):鳙鱼种10千克,鲢鱼种5千克,规格均为每尾300~400克;2~3龄的黄尾密鲴、细鳞斜颌鲴和鲫鱼种5千克;鳜鱼种和黄颡鱼种各10尾;规格为1千克的草鱼种4尾;规格为150克的鳊鱼种10尾。

上述鱼类品种的选择及投放量,是基于以下4个原则确定的:

(1)重量控制。上述鱼种长成成鱼后的水体总载荷量约在100千克/667平方米左右,不会因鲜鱼载荷量过大而影响河蟹生长。

(2)规格控制。为了养殖一年就能达到商品规格,必须强调投种规格。由于湖泊不常年投饵,又不允许投肥,投放的鱼种如果规格过小,起水达不到上市标准,再养一年就不合算了。

(3)自繁控制。选择2~3龄的鲴鱼和鲫鱼,就是让它们下湖就能自然产仔繁殖，它们的载荷量可以通过常年的小业捕捞来维持平衡。

（4）数量控制。14 尾/667 平方米草、鳊鱼不会对水下草场构成不可再生的破坏，而 20 尾/667 平方米肉食性鱼种，在坚持当年下种、当年起水的情况下，也不会对河蟹饵料的主要来源构成威胁。但要强调一点：只有暂养围网是“禁区”，那是专供河蟹呆的地方，所有鱼类不得投放。

九、养蟹湖泊的日常管理

72. 养蟹湖泊如何管水?

答:湖泊管水是一项非常细致的工作,它的侧重点应放在以下几个方面:

(1)检测水质。养殖河蟹的最佳水质应呈弱碱性,其pH值一般为7.5~8.5,如果湖水的pH值低于7,则要及时撒生石灰以中和水质,使其保持弱碱性。

(2)保持水位。天旱灌进新水,天涝排出旧水,使湖泊水位保持相对稳定。经常用新水换旧水,能使水质清新,有利于河蟹生长。

(3)防毒堵污。湖管人员对湖泊周边的水系及流向要了如指掌,工厂排废城市排污时要紧闭闸门,不让“两水”进入湖泊。高温季节,稻田和棉田频繁使用化学农药除草治虫,若让雨水把农田中大量的磷化物和乐果之类的药物残留带进湖泊,那对河蟹也会造成致命的威胁。

(4)及时观察。湖水若因富营养化暴发蓝藻和绿藻,这对河蟹也是极其不利的,如果换水也不能扼制或根本无新水可换,那要及时撒生石灰来加以防治。

73. 养蟹湖泊如何防逃?

答:湖泊防逃的关键部位在水口,春夏防进水,秋冬防出水,这是我们必须掌握的一般常识。而水口上的防逃设施建设,与成蟹暂养围网的安装基本相似,关键在闸口有水流动时,对夹层网中的信息地笼要经常观察,这样才能对围网是否安全做到心中有数,并及时地、有针对性地采取补救措施。此外,沿闸口大量种植轮叶黑藻和水菖蒲、茭白等挺水植物,对河蟹外逃也能起到一定的延缓和阻隔作用。

除了对进出水口的重点防范之外,其他重点时段和重点部位也不能掉以轻心。长江大闸蟹虽说一般不会翻堤逃跑,但根据它们的生活习性,平时也有"两跑两不跑"。"两不跑":湖岸坡度相对较陡、较高不跑,湖岸上杂草丛生不跑。"两跑":湖岸不高且相对平坦易跑,闷热天气突降暴雨,在坦坡上形成小股水流时它容易溯水外逃。掌握了这些活动规律,我们也无须毫无目的地满湖转悠,只需在上述重点部位插上一道防逃矮网,在恶劣气候条件下加强对重点部位的巡查就行了。常言道:会守(湖)的忙一时,不会守的忙一世;会守的守一处,不会守的处处守,说的也就是这个道理。

74. 平时巡湖有什么诀窍?

答:巡湖的目的主要有两个:防逃与防盗。防盗属治安管理的范畴,这里就不多说了。有的湖泊日夜派人轮班划船,满湖转悠,其实大可不必。光从防逃的角度来说,还是有诀窍可以总结的,我针对巡湖的要领总结了六句话:

(1)"越不舒服越要忙。"空气闷热、气压骤变人不舒服的时候,湖中的河蟹会比人更敏感,它们会满湖乱窜,从而外逃几率骤增,此时的守湖人员应加强巡查。

(2)"雨头风尾不沾床。"前面说过,雨头风尾因气候的骤变是河蟹躁动的两个关键时期,这个时候你当然不能闲着没事了。

(3)"风来为你指方向。"河蟹有迎风而动的习性,在有风的日子里,起南风你重点巡查南边,起北风你重点巡查北边保准没错。如果你弄反了方向那就是瞎忙活。

(4)"见微知著学蚂蟥。"你可别小瞧了蚂蟥,这小家伙灵敏得很呢。不是有一句"蚂蟥听不得水响"的农谚和俗语吗?那就是说水一动蚂蟥准动。那么,蚂蟥动的地方河蟹肯定会动,蚂蟥成了你的义务向导,放下架子跟它"学"准没错。

(5)"上半夜里勤动桨。"河蟹性成熟之前有昼伏夜出的生活习性,而它晚上的活动及觅食又大都集中在上半夜,过了午夜一点它们才渐渐消停,所以上半夜是防逃防盗的重点,"勤动桨”也就势在必行了。当然,时至9月河蟹逐渐成熟,这句话可得改成“没日没夜勤动桨”了。

(6)“拖勾地笼两不忘。”世间百业都有各自的“行头”,巡湖人员必备的“行头”就是拖勾和地笼。巡湖船只上如果不带上这两件东西,那巡湖人员就成了聋子和瞎子。用拖勾可以将重点部位偷蟹者安放的丝网地笼及时缴获没收,为河蟹正常生长创造安定的环境。有地笼则可以及时掌握满湖河蟹生长及活动的准确信息,随船备齐这两样“行头”的作用也就在这里。

75. 怎样清除荷叶和野菱?

答:荷叶、野菱及王莲等水生植物过多是湖泊养蟹之大忌,一是因为它们荫蔽水面,影响其他水生维管束植物生长;二是在河蟹的食谱中它们根本排不上号或很难排得上号;三是它们腐烂后容易恶化水质,使湖中的河蟹通体漆黑,影响外观形象。所以在养蟹的湖泊中必须清除这些劣质水生植物,才能确保河蟹健康生长。

当然,这些水生植物在它们发芽出泥长出水面之前,还是能供河蟹摄食的,问题是它们生长迅速,一般三五天就能蹿出水面并对水面形成覆盖,这时就有害无益了。对野菱清除的办法,量少则可以用人工刈割,面大则只能用水下刈割机进行机械刈割,除此别无他法。

而对荷叶和王莲除了人工刈割外,还可以用“丁字油”

进行药物灭除,效果相当好。不过要特别注意:一要顺风对水喷雾;二要专喷叶面而防止漏洒造成水质污染;三要及时将死荷清理上岸,以免腐烂污染水质;四要注意下风湖岸边有无农作物,避免药雾随风飘去对农作物造成损失。

76. 巡湖时,发现哪些行为应当劝阻、制止?

答:沿湖村民一般都有利用临湖的资源发展家庭副业的习惯,这在养鱼的湖泊是没有影响的,同样的湖泊一旦养了河蟹,很多习以为常的行为就在禁止之列了。现列举如下:

(1)鹅鸭下湖放牧。鹅鸭食性跟河蟹相近,它们下湖也爱捕食螺蚌及小鱼、小虾等活体饵料。与蟹争食倒没什么,要命的是扣蟹下湖一般喜欢在临岸浅水区栖息,这样的"活食"也正中鹅鸭下怀,它们长长的脖颈往水下一伸,哪怕扣蟹蛰伏泥里,也立马会成为它们的美味佳肴。即使长成了大蟹,但蜕壳后软乎乎的一团,鹅鸭们吃起来就更适口了。所以,一定要禁止鹅鸭下湖。

(2)踩挖藕笋、王莲。荷叶和王莲在长出水面之前,其根茎是人们喜食的绿色食品,每年五六月间,巨大的市场需求刺激沿湖大批村民直接下湖踩挖,其后果一是直接将河蟹踩死在泥中;二是侥幸逃脱的小蟹如果正处于蜕壳期,突然而至的惊扰会让它们"卡壳",造成蜕壳不遂死亡。

(3)筑“响水巴围”。这是沿湖村民惯用的一种变相偷盗湖中鲜鱼的土办法,殊不知“响水巴围”对养蟹同样危害很大。所谓“响水巴围”,就是沿湖村民利用傍湖的塘坝和低洼农田,瞅准雨季湖水的涨落,不停地挖填临湖堤坝上的水口,先让鲜鱼随水进围,待湖水下降再挖开水口放水捕鱼。由于这些围子都是临湖而筑,全靠进出响水获利,所以俗称“响水巴围”。前面说过,河蟹对水流十分敏感,巴围频繁响水正是河蟹的好去处,一旦进了人家的巴围,河蟹就归别人所有了。

(4)打捞水草。沿湖村民都有打捞水草肥田和喂猪的习惯,如果只打捞野菱倒是求之不得,可偏偏好多鱼类不食的水草却是河蟹的上佳饵料,优质资源低值利用岂不可惜?所以,对下湖打捞野菱的放行,对下湖打捞其他水草的,一律禁止。

77. 养蟹湖泊里哪些渔具、渔法应禁止?

答:下列渔具、渔法在养蟹湖泊里应该禁用或慎用:

(1)丝网。在常年小业捕捞时,丝网是一种常用的渔具,但它也能捕到河蟹。由于网丝缠绕,河蟹不易逃脱,河蟹即使解脱,缺螯断肢者十有五六。所以这种渔具不但常年打小业不能使用,就是捕捞成蟹时也不宜大量使用。

(2)电捕。包括柴油机发电及电瓶升压捕捞和脉冲电赶捕,这些渔具都能对河蟹造成直接伤害和惊扰,残肢蟹会明显增加，严重的还会造成河蟹死亡。

(3)迷魂阵、虾笼、竹毫、地笼。这一类渔具既能捕到鱼也能捕到蟹，不过它们对河蟹的伤害较小，所以在河蟹成熟前的生长期间，只要能够确保河蟹及时返湖而不出现鱼虾蟹长时间混压，这几种渔具还是可以控制使用的。

(4)卡子和挂钩。渔民常常抱怨这两种渔具的线绳在养蟹湖泊中经常被咬断，饵料大多被偷吃。无须讳言，这全是河蟹所为。断头的网线多了，自然会缠绕横行的河蟹，使其不得不施展自切功能。要想两全其美，只有对这两种渔具的使用时间加以控制，即每年 6 月以前使用，其时河蟹尚小，断线之术尚未炉火纯青，渔民可瞅准这个空子下湖捕鱼，增加收入。

(5)炸鱼。用炸药炸鱼这种野蛮的捕鱼方法早就为各级政府所明令禁止，它同样对河蟹能造成巨大的伤害，所以对这种渔法不但要禁止取缔，而且要给予打击惩治。

(6)用药毒鱼。这种渔法比炸鱼危害更甚，所以同样也在打击惩治之列。

(7)鹭鸶捕鱼。鹭鸶是捕鱼能手，它捕食小蟹的本领同样不低，尤其对刚蜕壳的软壳蟹伤害更大，所以也应禁止下湖。

78. 养蟹湖泊如何维持水生资源的平衡?

答：在养蟹过程中，水生资源的失衡会直接影响到蟹业的可持续发展，所以，这要求我们在日常管理中及时准确地掌握河蟹的生长信息，对水生资源进行必要的增殖和补充，以维持水生资源的平衡。

水生资源失衡表现在4个方面：①水草成片地大量浮起，有如被机械刈割过一样。②水面成团地出现大面积混浊。③河蟹生长速度明显放慢。④信息地笼中的残肢蟹和懒蟹明显增多。这4种迹象都明确地向我们透露出一个相同的信息，那就是河蟹密度过大，而且严重缺食，换言之也就是水生资源正在失衡。我们应该对症下药，及时扭转这种局面。

解决的办法一是将湖中的河蟹捕捞一部分转移到暂养围网内精养，以降低湖泊河蟹的密度，及时缓解饵料供不应求的压力。二是补投饵料，保护濒临毁灭的水草和螺蚌资源。补投的饵料以植物性饵料为主，动物性饵料为辅，选中那些水草成片浮起和成团混浊的水域集中投喂。三是资源增殖，购买一定数量的螺蚌活体投放下湖，让其迅速繁殖。并从外湖购进“吃不败”等水草在湖底成片种植，力求水生资源在较短时间内得以恢复。

79. 如何判断河蟹的正常生长速度？

答：河蟹是靠脱壳长大的，它每次蜕壳时都要吸收大量的水分，让水分使蟹体迅速膨胀，刚蜕完壳的软壳蟹体内水分可达到80%以上，然后再通过营养物质消化后形成的组织来挤占水分的空间使蟹体“缩水”,每次蜕壳周而复始,这就是河蟹生长的奥秘。

河蟹的正常生长速度按通常书籍上的说法,是每蜕壳一次能在原体重基础上增重30%～40%。我至今对此不以为然,认为这种观点值得商榷。实际上由于湖泊资源的不同、河蟹素质的差异及生长阶段的不同,河蟹的增重值是大不相同的,更不可能是等值增重的。

河蟹在仔蟹期间蜕壳后的增重值一般都能超过原体重的1～2倍,4～6月蜕壳后的增重值可以达到70%～80%。而在9月份最后一次蜕壳后的增重值,一般也能达到60%。而只有7～8月这段时期蜕壳后的增重值保持在30%～40%的水平。所以说,河蟹每次蜕壳增重30%～40%的结论是没有依据的。

再者,湖泊资源不同,其蜕壳增重值也明显不同,4～9月,资源优越的湖泊,河蟹每次蜕壳后的增重值可以超过上述标准;而资源差的湖场,河蟹蜕壳后的增重值有时会低于20%,这就是不同湖泊河蟹个体差异之大的根本原因。

如果以月计算,你养蟹的湖泊河蟹4～6月增重达到一倍或超过一倍,这毫不奇怪,那说明你的湖泊资源好。反之,湖泊的河蟹7～8月增重低于30%,那就不能掉以轻心,而要采取紧急措施了。从这个意义上来看,进一步凸显出前面所说的“两头暂养”的重要性:前头拉“架子”,后头加“内容”。不过会养蟹的人不会等到捕捞以后再来投喂,他们大都从 9 月一开始就加“内容”了,他们会争取河蟹最后一次蜕壳体重增重值能超过 60%!

二龄幼蟹在长江流域的生长状况见图 2(资源比较丰富的湖泊)。

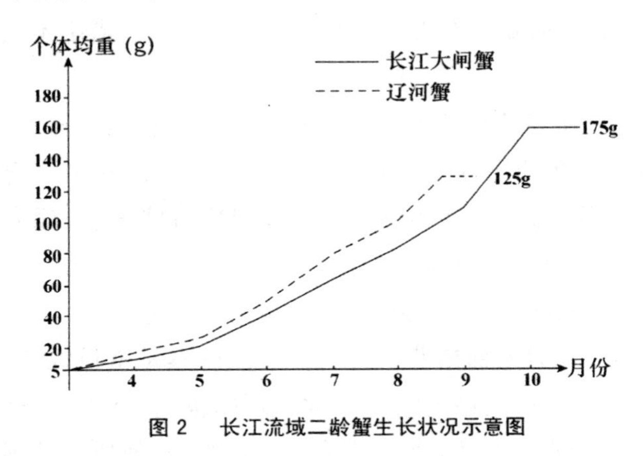

图 2 长江流域二龄蟹生长状况示意图

80. 养蟹湖泊的日常管理还要注意些什么?

答:湖泊养蟹的日常管理除了上面所说的内容外,还有下面一些内容也不能忽视:

(1)水位管理。冬夏关深水,春秋关浅水。由于有不少湖泊是隔年投种,冬季水深既能提高水底泥温,又能减少越冬候鸟对蟹种的侵害,夏季水深能降低底层水温,河蟹不会因高温而减少或停止摄食。春季水浅能让水生植物充分进行光合作用,有利于它们发芽生长。秋季放水能诱导成蟹随水而动，有利于捕捞。同时，水口要设立一定高程的滚水坝，确保河蟹生长所需的最低水位，避免因干旱出现农渔争水的矛盾。

（2）水流管理。由于内陆湖泊一般都兼具水利调蓄功能，所以一定要与水利部门处理好关系，开关闸门要事先协调，临时通知和不通知就大开闸门都会让你措手不及遭受损失。

（3）水口管理。由于不少湖泊是内陆水运的通道，所以水口管理十分重要。对于船只过往频繁的水口一定要派专人管理，有条件的要安装电动拦网升降设备，没有条件的也要设置带有醒目警示标志的“活水口”，派专人驻守，对拦网进行人工升降，尽量减少河蟹外逃。

（4）船只与捕捞业次管理。湖泊既然是蟹鱼混养，常年小业捕捞自然也要纳入日常管理的范畴。但小业捕捞不可避免地会给河蟹生长带来一定影响，如何协调处理好这两者之间的关系呢？首先，渔船要集中停靠，并规定布业收业时间，使渔船的活动都在自己的掌控之中。其次是划界布业，这样便于管理。另外，要确定禁渔期，每年5～9月既是鱼类的产卵繁殖期也是河蟹的重要生长期，应将渔船集中靠埠实行禁捕，或选择网具（对河蟹生长没有妨碍的网具）定量捕捞。还有一点要特别注意，即那些投放了隔年蟹种的湖泊，在冬捕时要派人跟船，及时做好蟹种返湖工作。

十、河蟹围栏精养技术

81. 河蟹围栏精养有哪些好处?

答:河蟹围栏精养是20世纪80年代最先由江苏塥湖、长荡湖探索总结出来的一项新技术,而目前发展规模最大、技术水平最高的是东太湖地区。内陆发展较早的是洪湖地区,但那儿大多养的是辽蟹,产量虽高却无推广价值。河蟹围栏精养的好处归纳起来有4条:

(1)能够充分利用水域资源。湖泊散养河蟹产量要达到10千克/667平方米都很难,而围栏精养河蟹产量超过50千克/667平方米已经不稀罕,单位面积产量的增加使水域资源得到了充分的利用。

(2)回捕率高。湖泊散养成蟹回捕率一般在30%左右,而围栏精养的回捕率却可高达60%以上。

(3)便于集中管理。一家一户的小面积管理可以彻底防止偷盗,饵料利用率也大大高于散养,而且联户成片也有利于形成规模效益。

(4)捕捞期延长,不必为错过捕捞季节担忧,能够根据市场行情和需求来进行捕捞。

82. 如何选择围栏养蟹的水域?

答:在湖泊中选择围栏养蟹的水域要严格掌握以下几条标准:

(1)水位相对稳定,水深 2 米左右。水位大起大落,围网高度不好确定,即使能够确定标准,三天两头随水位变化而升降也是个麻烦事儿。而 2 米左右是养殖河蟹的“黄金”深度,深度大,风浪也大不利于管理,再说网片用得多会相应要提高养殖成本,比较而言就不合算了。

(2)常年水质清新,有微流水最好。因为保持微流水有利于水体交换,高密度养蟹自然是水体溶氧越高越好,一清见底也有利于观察河蟹的活动及生长情况,水下网具是否破损也能一目了然。如果有工厂废水和城市污水流过,那水质再清新也要“一票否决”了。

(3)水生植物相当丰富。以苦草和轮叶黑藻、伊乐藻等水生植物最佳,如果有把握用人工培植的办法迅速恢复水下植被,这样的水域也应该在选择之列。

(4)底层泥质要好。最好是沙性泥质,泥层要浅,否则一遇大的风浪,湖水混浊,不利于河蟹生长。

(5)避开航道和风口。机船惊扰和风浪太大都不利于河蟹生长,这些因素在选择围栏水域时都要考虑进去。

83. 围栏养蟹的围网如何设置?

答:围栏养蟹的围网设置与前面说过的成蟹暂养围网基本相似,只是内层围网的网目应该是3.5厘米,这是由所投蟹种的规格大小决定的。除此之外,还要注意以下几点:

(1)围网大小。围网面积是根据养殖规模及计划投种数量来决定的,就单个围网而言,最大以20公顷为度,再大则难以实现精养所必需的一些技术要求;最小以1.34公顷为限,再小则浪费人力物力。

(2)围与湖之比。也就是说围网面积与湖泊的总面积要维持一个适当的比值。这个比值一般不宜超过50%,也就是说60公顷的湖泊最多只宜围栏30公顷实行河蟹精养,超过了这个比值,还不如把整个湖全围起来实行半精养省事和合算。再说面积比值过大,水体交换的比值就会相应降低,而河蟹精养对水体交换的要求是相当高的。

(3)围网要设置方形圆角。正方形节省围网材料,与圆形围网相比不挤占别的围网面积,便于排列设置多个围网,而且受风面积不会过大。围网呈直角容易引起河蟹聚集攀爬,所以设置成圆角完全是出于防逃的需要。

(4)外层保护网可以共用。比如说你在湖中间设置4个同等面积的养蟹围网,那么,这4个内围可以共边,而外层保护网可以设置成一个大围网,这样既节省材料,又便于防逃巡查及投喂饵料。

(5)搭建固定工作台。工作台的作用一是便于湖管人员居住,二是有利于就近存放饵料和劳动工具,三是便于观察,即使风急浪高也能照常进行日常管理。

84. 河蟹精养的投种量如何掌握?

答:用围网精养河蟹对蟹种的质量要求非常严格。首先必须选用大规格扣蟹。规格不得小于160 只/千克,而且越大越好。同一个围网的扣蟹来源必须是一处的,这样蜕壳时间会相对一致。如果规格太小,个体悬殊过大,种源又不是出自同一处,在这种高密度养殖的情况下,容易出现因大小不一、蜕壳时间不一而相互残杀,最终影响回捕率。

其次是严格掌握投种量。投种量以 400 只/667 平方米为宜,最多不能超过 500 只,最少不能少于300 只,在这个幅度之内,你可以根据自己的技术水平、资金情况及资源条件来决定投种量的多少。

再次是蟹种活力要强。要求达到"个顶个"的标准,要把那些残次蟹和素质差的弱蟹在下水前就严格筛选淘汰掉,不把好这第一关,既有可能造成投饵上的浪费,也不能确保回捕率。

最后一点就是大网套小网。可以在大围网中预设临时性的小围网,先将扣蟹投放在小围网中集中喂养,待5 月上旬拆小网进大网,其作用与前面说过的扣蟹暂养相同,既能提高饵料利用率,又能保护大围网内的水草发芽生长。

85. 怎样选择河蟹精养的饵料?如何投饵?

答:河蟹精养是以优质的动物性饵料为主、商品植物性饵料为辅的一种高密度集约化的养殖方式。即便如此,由于我国目前河蟹专用的商品饵料价格普遍偏高,最好能够就地取材。就近购买小鱼虾、螺蚌肉、死鱼、鱼品肉品加工厂的下脚料喂养,这样可以大大降低成本。如果选择全价商品饵料,上海产的"大江牌"全价蟹饲料可以作为首选。

植物性饵料当首推豆饼和豆粕及其他各种豆类,其次可辅之以小麦、玉米、薯类和瓜类。动、植物性饵料的配比为8:2或7:3,这要视精养围网中的资源标准而定。投喂方式与前面我们介绍过的方法相同,但在饵料总量不变的情况下,也可以增加一次投喂。日投饵量每半个月调整一次,以抽样测产为据,保证达到河蟹载荷量的8%。计算公式是:

存湖扣蟹只数×0.98(即每次递减2%的自然死亡)×当次抽样平均规格×0.08=下15天的日投饵量。

当然,上面计算出来的投饵量只是一个大概基数,这还要与我们在日常管理中掌握的具体情况结合起来进行上下浮动。如果湖水成团变混和水草大片被夹断浮起,说明饵料不够,投饵量可适当增加;如果连日大风或正逢蜕壳期,可以少投甚至停投。

至于围网中的水生植物,其主要作用和功能也发生了变化。水生植物在湖泊散养河蟹时是用作饵料为主,而在围栏精养中的作用是优化水质,为河蟹提供良好的栖息环境。但是,要河蟹不吃草是不可能的,怎么办?一是确保商品饵料的足量投入,二是增加人工投入。每天从围网外连根打捞水草进围网移植,河蟹吃掉多少移植多少。

十一、湖泊资源的培植与优化

86. 为什么要培植和优化湖泊资源?

答:这是一个最容易被养蟹投资者忽视的问题,也是一个湖泊能否持续养蟹的根本问题,而湖泊资源退化更是目前一个普遍性的问题。只养蟹不"养"湖,湖泊优质蟹养殖永远都只能是一句空话。

其实这个道理很简单,俗话说"生口的要吃",河蟹不但是一种食量很大、食谱很广的水生动物,又是一个浪费成性十分挑剔的"家伙",你瞧它们吃水草那样儿,1 米多长的水草它们就吃根茎部分一小段,其余的则弃之水面横行而去。望着水面上日渐腐烂的水草,谁看了都会觉得可惜,但这是没有办法的事儿,我们还只能由着它的性子来,吃光一片,培植一片,如果我们的培植跟不上消耗,河蟹就要减产。

尤其要强调的是,不仅要让河蟹吃饱,而且还要吃好,因为不同的水草其干物质中蛋白质含量不同,有的两者之间的差异竟高达 10 倍以上。种类不同的活性饵料也是一样,其营养成分也存在着很大的差异,这就是我们为什么要强调优化湖泊资源的原因。只有除劣存优、除劣兴优，同样的湖泊才能最大限度地为河蟹养殖提供量丰质优的天然饵料来。

87. 湖泊养蟹时，哪些水生植物应该在培植和优化之列？

答：与鱼类相比，河蟹对天然饵料的喜好存在着相当大的差别。比如说水生植物中的大次藻，鱼类基本不吃而河蟹却爱吃。又比如说螺类，青鱼连壳吃而河蟹却只吃螺肉。再比如说菱叶和茭草，尽管它们的粗蛋白含量在水生植物中相对较高，鱼类能吃却不爱吃，而河蟹则根本不吃。所以，我们要在摸准河蟹“口味”的基础上，有针对性地培植下列水草：苦草、轮叶黑藻、伊乐藻、小次藻、眼子菜、菹草；淘汰菱、茭草、荷、水花生、水浮莲及部分萍、莲类水生植物，把它们的生长空间让位于河蟹喜食的水生维管束植物。

当然，光种类齐全还远远不够，数量上也应该得到保证，越多越好。而生物量也与河蟹的投种量成正比：水下草原占湖泊面积的30%、植物量低于800千克/667平方米、底栖动物量低于200千克/667平方米，则全湖可按50只/667平方米的标准投放蟹种。水下草原占湖泊面积50%、植物量超过1200千克/667平方米、底栖动物量超过400千克/667平方米，则全湖可按80~100只/667平方米的标准来投放蟹种。水下草原占湖泊面积 80% 以上、植物量超过 1500 千克/667 平方米、底栖动物量超过 600 千克/667 平方米，则全湖蟹种投放量为 150 只/667 平方米左右，但不能超过 200 只，上述植物量是以有草面积计算，动物量以全湖面积计算。当然，对这条食物链的把握并不是一成不变的，还要靠我们在多次实践中去调整，才能达到优化、稳固、持久的目的。

88. 水生植物如何培植和优化？

答：目前我国养蟹湖泊水下草原建设的最佳培植种类为苦草、小次藻和丝藻（俗称的“吃不败”是其中的一种），其余种类都还依赖老根发芽再生或水的流动种子落泥后自然繁殖。人工种植苦草种籽用种量为 50 克/667 平方米左右，可于 3 月下旬先将种子浸泡 1 ~ 2 天，然后拌入泥土中搅匀，均匀撒入湖中即可。撒种时湖水越浅，发芽越快，至 4 月中旬叶片就能出泥了。“吃不败”的移植更为简单，因其再生能力极强，可在年初刈割茎叶后，把它切成 20 厘米长的小把，然后一把把成行植入浅水湖底泥层即可。待茎叶长到一定长度还可反复刈割移植，只要不伤其根即可。

螺蚌活体的增殖最好在“惊蛰”之前进行，它们在春秋至少能繁殖两次以上。让它们下湖就能繁殖，有利于迅速增加水生动物活体资源储量。但长途购运螺蚌下湖应尽量避免高温酷暑，以减少活体在途中死亡。

89. 水生动物如何增殖?

答:如果把植物性饵料比作河蟹的“零食”的话,那么,动物性饵料无疑就是河蟹必不可少的“正餐”了。有专家通过试验得出结论,说河蟹一生的营养物质85%来源于动物性饵料,只有15%来源于植物性饵料。这个比例是否准确姑且不论,但河蟹生长应该以动物性饵料为主,以植物性饵料为辅的结论绝对是正确的,也是被长期的养蟹实践所证实了的。螺蚌多、无水草的湖泊能够养蟹,如果光水草好而螺蚌极少的湖泊,则不适宜养蟹。所以,养蟹湖泊的水生动物增殖,应该是第一位的工作,这是毋容置疑的。

水生动物的增殖在种类上应该是以螺、蚌、蚬为主,小杂鱼为辅,螺、蚌、蚬又应以螺为主,泥螺、田螺、沼螺均可,但应以泥螺为首选。球形无齿蚌、冠蚌、帆蚌、丽蚌均可,但以球形无齿蚌(俗称水蚌壳)最优,冠蚌次之。螺、蚌增殖时应避开高温酷暑。其他水生动物除小杂鱼活体外,泥鳅、肉蚂蟥更适合河蟹捕食。从时间上来说,春季是水生动物增殖的最佳时期,将活体运至湖边,在湖里均匀投撒就行了。要说明一点的是,我们一再强调水生动物增殖的重要性,并不是否认水生植物的重要性,恰恰相反,单从前者增殖的角度来说也离不开水生植物,因为后者往往是前者产卵繁殖的依附物,两者是相互依存、相得益彰的关系。

十二、一二龄蟹如何套养

90. 一二龄蟹套养有哪些好处?

答:一二龄蟹套养就是通常所说的放“隔年苗”,也是湖泊养蟹值得大力推广的一项实用技术,它包括了三项内容:大眼幼体套养、仔蟹套养和扣蟹套养。

一二龄蟹套养的第一个好处是能够大大降低养蟹投资成本,而且能够盛产大规格优质河蟹。尤其是大眼幼体套养一旦成功,购种费开支至少要节省80%以上。简单介绍如下:大眼幼体近年市场价格为400~800元/千克,按一般养殖水平,至年底可获优质大规格扣蟹2万只,不计算运费、杂费按市场价为5000元,除去1500元的塘租、饵料、管理等一切开支,净值为2700元。

第二个好处是能使河蟹提前适应内陆湖泊的淡水水体。水体渗透压的提前改变不但能使其以后的蜕壳更为顺利,而且至少能够增加一次蜕壳,这也许就是“隔年苗”能产大河蟹的奥秘之所在吧。

当然,事物都具有两重性,套养也有缺点:一是早熟蟹多,有的年份可高达15%;二是成活率只能靠理论估算,如果估算误差过大,存湖蟹绝对数过多或过少,都有可能影响产量和湖泊资源的利用。

91. 所有的湖泊都适宜一二龄蟹套养吗?

答:并不是所有的湖泊都适宜一二龄蟹套养。下列5种湖泊应该慎重:

一是冬季捕鱼使用“踩溜”这种方法的湖泊。这种方法一般要把湖泊的水全部放干,水完全放干了肯定对扣蟹越冬会造成严重影响。

二是习惯于电捕鱼的湖泊。河蟹经反复高压电击即使不死,也会出现残次蟹明显增多的现象。

三是凶猛敌害鱼类密度较大的湖泊。尤其是乌鳢、青鱼和大口鲶,对幼蟹的危害大,扣蟹回捕率低。

四是水草不多、水流又无法控制的“光板”湖泊。幼蟹在无草和少草的光板湖泊最容易逃走,加上水流无法自主控制,那就为它们大量外逃创造了良好的条件。因为湖泊的进出水口不可能使用密网,而且水利部门也不会允许你在那儿常年使用密网。

五是候鸟聚集区。湖泊一般冬季水浅,如果候鸟年年光顾,成千上万的候鸟每天要吃掉很多幼蟹。

92. 一龄蟹同二龄蟹如何套养?

答:一龄蟹同二龄蟹必须隔离套养。道理很简单:一是为了避免敌害生物和二龄蟹对一龄蟹的侵害，二是如果不把一龄蟹重点保护起来，湖水一动，任何设施都将无法阻止它们外逃，所以我在前面用了“戒毒所”来比喻和形容一龄蟹围网暂养的重要性，是再形象不过的了。

大眼幼体围网的选址和设置在前面章节中粗略介绍过，归纳起来有 5 点：一是要水草茂盛，便于栖息，二是要严格清野除杂，下苗前可使用高压电捕工具在围网内驱赶一次，将凶猛鱼类及河蟹的天敌逐出围网。三是必须避风避浪，因为密纱网抗风浪能力差，一旦破损，一龄蟹会跑个精光。四是围网材料必须选用优质聚乙烯纱网布，上纲下面牢牢附上一圈防逃薄膜。五是下纲的石笼必须脚脚入泥。一切准备妥当后，还得用氯化钠使围网内水体达到 1×10^{-6}的浓度，然后再投放大眼幼体。大眼幼体经过 1~2 天的豆浆拌熟蛋黄投喂就会“沉塘”变态成为 I 期仔蟹，从 I 期到 V 期仔蟹大约要 30 天的时间，经过氯离子不断向外扩散和水体的交换，降盐淡化也会自然而然地完成。

如果是直接套养仔蟹，围网设置与大眼幼体围网相同，只是省略了降盐淡化这道环节。仔蟹期间的饵料十分重要，可在水花生丛中间种红萍，这既便于仔蟹栖息，又便于它摄食适口的青饲料。而精饲料的选择却很多，效果较好的有两种：一种是鱼糜和次粉搓成小颗粒，二是牲畜血块、豆腐、次粉三合一同样搓捏成小颗粒。投喂早、晚两次，以傍晚为主（占 70%），必须搭多个食台，投饵量以食台无剩饵残渣为准。

93. 一龄仔蟹要一直围养下去吗?

答:不用。至于什么时候撤围散养,没有一定的时间规定,但拆围散养要坚持两个原则:

一是宜早不宜迟。最早以“小暑”前后为宜,最迟以“立秋”为限,也就是每年的7月上旬至8月上旬,这个时期,围网中的一龄仔蟹规格一般都达到了1500~3000只/千克,其独立生活能力已经大大增强,继续人工喂养已无必要,加上随着个体的迅速增大,原有的围网面积已难堪重负,所以,7月“分家”正当其时。

二是宜高不宜低。这里所说的高低是指气温和水位,每年进入“小暑”也就进入了高温酷暑季节,围网一般建立在浅水区,而此时的河蟹则应该进入深水生活。加上7月正值汛期高峰,兼有水利调蓄功能的湖泊一般都已经达到了最高水位,既然湖泊进水已经基本停止,那么,撤围散开的一龄蟹外逃几率也会相应降低,此时不放更待何时?

94. 一龄扣蟹如何套养?

答:扣蟹的套养比较简单,它只涉及套养时间和投放方法两个问题,饵料和喂养则可以不在考虑之列。

套养时间以9月和11月为宜。进入9月气温降低,一龄扣蟹规格最小也超过了1000只/千克,长途运输相当合算,此时运一车扣蟹在冬春至少要两车才能拉完,同时长途运输一龄扣蟹避过了酷暑,成活率也高。之所以避开10月,不是说10月不能放种,主要考虑到10月正值捕蟹高峰,一是人手忙不过来,二是满湖的捕捞网具对尚需适应新环境的一龄扣蟹来说不太适宜,不但返湖工作量骤增,而且一龄扣蟹多次进出捕捞网具死亡率也会增加,所以还不如捱过10月再投种。11月上中旬有半个多月让扣蟹适应新的环境,从时间上来说已经足够了。

投种方法前后有所区别,9月套种最好能选择一个无进出水口的湖汊,用网拦住汊口,将一龄扣蟹先放进湖汊拦养半个月,期间可适当投些饵料,然后再撤网放入大湖,这样,经过强制适应新环境后的一龄扣蟹自然比初下湖时驯服得多,外逃数量也会随之减少。过了10月再投扣蟹,其时水温大降,水位平稳,可以直接多点投向湖泊而无需湖汊拦养。

十三、成蟹捕捞技术

95. 如何确定开捕时间?

答:长江大闸蟹的开捕时间一般在每年国庆节前后,但应分为试捕、旺捕和扫尾三个阶段。所谓试捕就是小规模捕捞,这一般都在国庆和中秋“两节”前夕,目的是抢捕少量成蟹上市能卖个好价钱。但如果软壳蟹、“弹簧腿”比例过大而盲目试捕,价格虽好死亡率太高,还是得不偿失、不合算。那么,成蟹成熟比例多大可以试捕呢?可以先放信息地笼进行观察检测,一般成蟹成熟比例达到70%就可以试捕了,捕上来的30%未成熟蟹可以及时投进成蟹暂养围网内继续喂养。试捕规模以总计划捕捞网具规模的1/5为宜。捕捞区域应主要选择进出水口,因为水口区域的河蟹一般都比非水口区域的河蟹早成熟三五天。过了国庆节,河蟹成熟率超过90%就可以抓住时间全面作业进行旺捕了。至于捕蟹扫尾阶段一般在10月底11月初,第三个捕蟹的“马鞍形”高峰已经回落,起捕的小蟹、雌蟹、脏蟹、残次蟹比例明显上升时,说明捕蟹已近尾声,此时可以适当减少捕捞业次,只重点死守出水口就行了。

96. 河蟹一定要放水才能捕捞吗?

答:除了“踩溜”这种渔法必须放水捕捞外,其他渔具、渔法完全没有这个必要。放水能将湖里的成蟹在短时间里捕捞干净,从而提早结束捕捞,这是有利的一面。但具体到一个湖泊,河蟹短时间集中起水,销售难、季节价格差和软壳蟹多却是随之而来的三大难题。权衡利弊,还是关水捕捞、待时均衡上市较为稳妥。捕蟹期长达50天,不必太急。

但话又说回来,湖里的水终究是要排放的,关键是要选准时机。捕蟹期间既要管住水,又要巧放水。也就是旺捕期间管住水,扫尾期间巧放水。放水的时机一般应选择在10月底11月初,捕捞的第3个“马鞍形”已经连续回落数日,其时若有天气骤变,那更应抓住时机开闸放水,只要能将全湖湖水扯动,就等于是给行动迟缓的河蟹下了一道“请您顺着水流朝闸口启程回家”的通知。此时哪怕“马鞍形”已近谷底,但开闸后的3天之内,肯定还能来个小高潮。在这之后,可以安安心心地收拾网具计划明年了。

97. 河蟹捕捞过程中的“马鞍形”是指什么?

答:“马鞍形”是我们养蟹行业的同仁对成蟹起捕规律的一种比喻和总结。由于成蟹起捕的产量曲线状似马鞍,所以“马鞍形”也就众口成俗了。在短短的一个多月时间里，成蟹起捕的产量大约有3次的起伏，而每次鞍顶高峰和鞍底波谷一般均为2～3天，其余的日子都维持在由低向高和由高向低的过渡状态。

蟹产量的“马鞍形”起伏并没有固定的时间段，但鞍顶高峰一般在10月上旬、中旬、下旬的前几天出现，两峰的间距为8～10天。从起捕产量上来分配，3个“马鞍形”时间段的起捕量依次为30%、40%、30%，或各为30%，最后来个10%的小高潮。在正常年景里，这种规律是比较明显也比较准确的，但在气候异常和产量特低的非正常年景，这种规律就会完全被打破。一般表现为刚开捕很快就出现鞍顶高峰，一两天后骤然狂跌，之后就是长时间的低产维持，再也形不成所谓的“马鞍”了。掌握了这些基本规律和表现特征，对我们提前预测产量、科学安排河蟹的捕捞、暂养和销售都是很有好处的。

98. 河蟹捕捞一般在什么时间结束？

答：前面说过，湖泊的河蟹捕捞一般在10月底11月初结束，但这也不是绝对的，因为湖泊的河蟹不会在同一天销声匿迹，只要你的销蟹收入高过捕捞开支，你只管接着捕下去就得了。

不管结束时间是早还是迟，一般下例五种情况几乎同时出现时，可以判断湖里的河蟹已经不多了。一是产量陡降，而且陡降幅度高达80%～90%；二是雌雄蟹比例骤然发生变化，一夜之间雌蟹上升、雄蟹下降的比例都可以超过30%；三是个体突然变小，偶有几只大蟹反倒显得特别刺眼了；四是脏蟹满筐，一眼望去筐里充满活力、一片青幽的大蟹不见了，而黑不溜秋的懒蟹和沾着水草湖泥的脏蟹懒洋洋地匍匐在筐里；五是残次蟹突然多了，有的螯足全无，有的步足缺损，有的背甲上布满了难看的伤痕。

99. 捕捞河蟹主要使用哪些渔具？

答：捕蟹的主要渔具有迷魂阵和地笼两种。新中国成立初期，江苏山东洪泽湖一带的渔民不少举家内迁至两湖地区，长期以水上捕鱼为生。他们将家乡的捕捞工具蟹簖带到内陆用于捕鱼，最初为竹箔加竹毫，本地渔民与他们一道对蟹簖进行了改进，至20世纪60年代，以网片取代竹箔、以网兜代替了竹毫。为了防止鱼虾掉头从原路逃逸，又改进了围网和反网使鱼虾迷途而不知返，一入阵中就如同迷了魂一般，乖乖地沿着渔民为其设置的死亡路线钻进网兜。久而久之，渔民们为这种业次取了个形象的名字“迷魂阵”。追根溯源它实际上是由江苏一带的竹簖几经改进演变过来的。随着河蟹被引进内陆湖泊养殖，“迷魂阵”自然也就派上了用场。这种渔具在湖泊水口捕蟹效果奇佳，我们在大通湖养蟹时，还创造了单日单兜捕蟹超过250千克的高产纪录。另外，“迷魂阵”在草型湖泊捕蟹的性能要优于地笼，而其不足之处是没有地笼机动灵活，转移起来很不方便。

地笼起源于江苏塥湖、长荡湖一带,不过20世纪80年代时还很笨重,且多为侧面开口装兜。90年代初笔者担负国家“八五”水产重点科技攻关项目时,将这种渔具引入湖南并进行了改进。一是多改少,即保留两头尾端的网兜而废除侧面的网兜;二是长改短,原来的地笼一般长达50~60米,我们将其缩短成26米,加两头的网兜共30米;三是大改小,原来的地笼高大得可以钻进人去,我们为它瘦身,几经探索改进,现在一般定型规格为40厘米×60厘米。经过三改的地笼收展自如,转移方便,操作时劳动强度大为减轻,而且捕蟹效果不逊于原装。近两年我们又试着把地笼顶部的网檐给取消了,不但捕蟹效果不受影响,而且操作搬运起来更加方便了。

但需要特别强调的是,上述两种捕蟹网具的网片选择大有讲究,即稀网比密网好,有结网比无结网好。道理很简单,密网和无结网容易被水中腐屑板结不透光,面对黑乎乎的网洞口,爱趋光的河蟹会犹豫不前,甚至改道。渔民捕鱼都必须定期晒网,其实跟这是同一个道理。

100. 捕捞河蟹还有哪些辅助性的渔具、渔法?

答:捕蟹的渔具、渔法还有很多,现列举如下:

(1)丝网:丝网捕蟹效果不错,但不能安装浮网,而必须安装加铅坠的沉网让其底纲落泥才行。但丝网不宜用作捕蟹的渔具。因为河蟹与丝网缠作一团,摘蟹相当麻烦,稍有不慎就会造成河蟹残次,所以尽量不用为好,要用也只能在那些不便安放地笼的湖汊和湖底高低不平的湖湾里使用。

(2)环钓:这种渔具在北方湖泊使用比较普遍,效果很好,但南方湖泊尚无人使用。其原理及操作方式与南方的卡子差不多。方法是先将干玉米浸泡后蒸至七八分熟,取5号铁丝截成10厘米一段,穿满蒸过的玉米粒后屈成圆环,再用短线将玉米环按0.5米一环的间距吊在纲线上,然后驾渔船先将纲线一头用竹篙固定,船边走边放,至尽头固定后折返,再从头解开线头迅速收线,此时就有夹住玉米粒不放的成蟹被一一钓上船来。不过此法要注意两大要点:一是随放随收,不能像放卡子那样时间间隔太长,时间太长,河蟹早就吃饱肚子溜了,要利用这些家伙又贪吃又不服硬的弱点,趁它们刚夹紧玉米粒就起水,那比钓鱼有趣多了。二是环钓上的玉米粒要一天一换,一旦玉米的香味消失,钓蟹的效果也要大打折扣。

(3)烟索:在山东一带使用这种渔法捕蟹的较多,南方湖泊尚无人使用。这种方法一般在流水和微流水中使用有一定效果。方法是用麦秸或稻草绞成碗口粗细的草索,用水浸湿后盘成圈,然后架在浓烟上熏烤,让草索上沾满浓浓的烟味,再将烟索拉直斜放在水流中,烟索顺流水的下端与竹毫和网兜口部相连,有的干脆将索头延伸上岸,悬吊在水岸边平地埋好的大水缸里。这样,步履匆匆列队回家的河蟹遇上横在水底的烟索,强烈的烟味让它们不敢翻越而折道沿烟索斜水而行,很快,它们不是钻毫进兜就是傻乎乎地掉进缸中。我想,这也许是我们的祖先在发明钩钓网具之前,最古老、最原始、最简单的一种捕蟹方法吧。

(4)加兜围网或拖网:两湖地区俗称麻布网或猪婆网,在网中间底部加上网兜也可以用于捕蟹,使用方法与捕鱼相同。不过捕蟹效果不如捕鱼,而且劳动强度大,尤其对套养的扣蟹有相当的损害,所以这种方法不常使用。

除上述渔具、渔法外,渔民常用的花篮、麻毫、甩笼、麻罩、撒网等工具也能少量捕到河蟹,这里就不一一赘述了。

101. 怎样解决使用“迷魂阵”捕蟹时伤鱼的问题?

20 世纪 90 年代,我们对“迷魂阵”进行了改进,彻底解决了用“迷魂阵”捕蟹时鱼(主要是放养的鲢、鳙鱼)蟹混进的矛盾。主要有三处重要的改进:

(1)改宽口为窄口。“迷魂阵”用于捕鱼时,行帘两头的 4 个进口一般宽达 40 厘米,专用于捕蟹时改为 20 厘米,这样可以有效减少鲢、鳙鱼群在进口处的聚集和盲目涌入。

(2)改正插为斜插。临近行帘尽头的第一根围篙,捕鱼时唯恐插得不正，但在捕蟹时，必须将阵口的三根竹篙呈"米"字形牢牢绑在一起，这使"迷魂阵"进口的上部水域完全被封死，进一步扼守住了鲢、鳙鱼等上层放养鱼类进围的通道。

(3)加插门帘网封死中下层进口通道。也就是在每个进口处贴着第一根帘篙和围篙，加插一道20厘米宽的门帘网，状似给进口大门挂上了一道严严实实的门帘，所以称之为门帘网。门帘网下端与湖底泥层之间只留下20厘米高的空当，形成了一个洞状进口，这样将所有上中层鱼类通通挡在了门外，河蟹生性喜爱钻洞，于是加快了进围的步伐。生活在底层水域的鳜鱼、乌鳢、鲤鱼、鳡鱼、黄颡鱼可以照钻不误，使插"迷魂阵"伤鱼的矛盾终于得到了彻底解决。

102. 捕蟹时如何排"笼"布"阵"?

答:这是一个非常有趣而且极需判断力的问题。满湖的河蟹你上哪儿逮它去？再说湖泊与湖泊的诸多情况不同，一味照搬还真不行。但俗话说"蛇有蛇路，鳖有鳖路"，自然，河蟹也是有蟹路的。摸准了蟹路下业，河蟹也就乖乖的进兜了。那么，如何准确判断"蟹路"呢？现总结六句话供大家参考:

(1)"阵锁水口，龙咬岸坡。"湖泊的出水口是河蟹性成熟后回"老家"的必经之地，必须用插出水面的"迷魂阵"牢牢把守，而不宜使用沉在水底的地笼，因为地笼尾兜之间无论如何有宽达 3 米以上的空隙，所以“把守”总关口的重任非“迷魂阵”莫属，而不能“交付”给漏洞百出的地笼。河蟹成熟后都有傍坡走边的习性，你完全无须在湖泊中央瞎忙活，地笼机动灵活，令它垂直“咬”住岸坡，这活儿它行。

（2）“长湖卡腰，方湖抵角。”这是就湖的形态而言，长形湖泊凸出的腰部和近似方形湖泊的边角是成蟹的必经之地，可用“迷魂阵”的行帘卡断凸出的腰部，破角朝湖中插出 100 米左右，肯定能截断蟹路，大有收获。

（3）“顺水而下，顶风而上。”湖水若有动静时抢在下游布业，这是摸准了河蟹的随水性，大风来时抢在上风布业是盯死了河蟹的迎风性。

（4）“遇汊封口，逢拐布业。”湖汊不管多大、多长、多复杂，都必须先用“迷魂阵”封死汊口，然后进汊用地笼等其他业次捕捞。封口的作用一是让出汊的成蟹无一漏网，更重要的是防止傍坡乱窜的成蟹钻进汊内，增加捕捞和管理难度。所谓“拐”，是指湖岸向湖里凸出来的部分，这儿一般是成蟹的必经之地，在此布业十拿九稳。

（5）“密草开道，深沟封头。”湖泊是否有水草和水草是否茂密，直接关系到捕蟹的进度，同样大小的湖泊，无草的光板湖一般 25 天左右就能结束捕捞，如果水草茂密又不采取相应措施，恐怕 50 天也结束不了，其主要原因就是成蟹在水草丛中行动受阻。而加快进度的办法，除了增加捕捞业次外，再就是用人工刈割的办法，在水草丛中开出“井”字形巷道来，并横着各个巷道口布业，除此别无他法。对于那些湖底不平、深沟纵横的湖泊，捕蟹也是件麻烦事儿，如果我们对湖底沟壑的情况两眼一抹黑，盲目布业肯定会造成大量业次的网脚悬空，河蟹沿网脚前行时遇到空洞肯定会钻洞逃逸，这就势必会大大影响捕蟹效果。所以我们必须对湖底沟壑情况了如指掌，把捕捞网具布置在沟壑的两头，对顺沟而动的河蟹进行拦捕，这样才能达到预期的效果。

(6)“随光而动，重北轻南。”在捕捞前期，我们要利用河蟹的趋光性，上弦月时把捕捞的重点放在湖泊东边，下弦月时则把捕捞的重点放在湖泊西边。而河蟹的趋光性与迎风性比较，后者比前者更为明显，“重阳风”过后天气转凉，一般西北风偏多，这时我们要把绝大多数捕捞业次北移，南方零星布业即可。但我要强调的是，河蟹的迎风性虽强，但与顺水性相比那又是小巫见大巫了，所以，不论湖泊的出水闸口在哪方，出水闸口的水域都始终是捕捞布业的重中之重，其他一切因素都只能是酌情考虑了。

103. 每天何时捕蟹最好？

答：清晨捕蟹最好。尤其是捕捞前期气温较高，中午时分甚至可以达到30℃以上，起水堆积在篓中的河蟹，怎能长时间地忍受酷热的煎熬？所以每天必须在凌晨5:30

分左右下湖捕蟹,上午9:30分一律收业,最迟不得超过上午10点。为了能使渔民自觉遵守这一规定,就必须对渔民下湖的业次数量加以严格限制,规定每条渔船只允许带“迷魂阵”(以网兜计算)兜30个,或地笼50条。当然,这条规定也要灵活掌握,到了捕捞后期天气转凉,时间和数量的限制也就可以相应宽松了。

104. 如何解决捕蟹与补网的矛盾?

答:河蟹捕捞期间,起捕量越大网兜破损越严重。忙捕蟹就顾不上补兜、忙补兜就会耽误捕蟹时间。怎么办?三条应对措施:一是先捕后补,即在规定的时间内只准起蟹不准补兜,可将破损的网兜晾挂在围帘上,待按时交完成蟹后再统一下湖补兜。二是增加起蟹次数,因为河蟹一高产就容易坏兜,捕捞旺季可在傍晚之前的两个小时内,让渔民下湖有选择地对高产网兜加捕一次,这样可以有效缓解高产网兜的压力,也可以使破兜的情况相应减少。三是在网兜后面加装带毫竹笼,这样开始下业时麻烦一点,成本也要增加一点,但却能有效防止河蟹夹破网兜,确实不失为一种一劳永逸的好办法。

105. 在起捕河蟹的过程中要特别注意些什么?

答:在起捕河蟹的过程中,如果忽视了操作细节就极有可能造成很大的损失。所以，我们要特别强调以下“细节”：

(1)鱼蟹不能混装。网兜里倒出来的鱼货除了河蟹之外，往往还有相当数量的鱼、虾、螺等其他水产品，混装对它们来说倒没什么，对河蟹却是致命的。因为在干放的环境中，鱼涎会大量分泌，浓稠的鱼涎一旦蒙住或部分蒙住河蟹的呼吸管孔，河蟹离死亡也就不远了。

(2)不宜用编织袋装蟹。道理很简单，编织袋透气性能极差，且堆压的河蟹根本没有活动空间，而河蟹出水后呼吸频率加大，密封的编织袋又不散热，这些都对河蟹是不利的，所以最佳的装蟹器具还是用打包带织成的空心蟹篓。即使迫不得已只能使用编织袋，也要事先在袋上剪开十几个小孔以利滤水和透气，并严格掌握河蟹袋装数量最多不能超过半袋，而且时间不能过长。

(3)仓装必须加隔板。刚起水的河蟹也有浓稠的涎水泌出，而渔船船舱又是一个相对密封的空间，如果仓底涎水盛集过多，这对压在底层的河蟹同样是致命的。所以在河蟹进仓之前必须事先用仓板作为隔板架空放置，然后才能大量倒进河蟹。

(4)雾天必须篓外加罩。河蟹对大雾是相当敏感的，雾天运蟹死亡率高，所以雾天不运蟹是有经验的蟹农和蟹商的共同常识，也是捕蟹时必须小心应对的。应对的办法一是尽量加盖仓装，二是在装蟹的蟹篓外面加盖一层湿过水的麻袋片或布片，下雨天也要照此办理，尽可能地使其与雾气和雨水隔离。

除上面已说的“细节”外，由于河蟹对油污和烟雾十分敏感，所以装蟹船舱的油污一定要清洗干净，机动渔船在网兜附近水域不要加油，以防止柴油漏入水中。另外，捕蟹时最好不要抽烟，实在犯了烟瘾，抽烟时也必须自觉到下风处呆着去。

106. 捕蟹期间在管理上还应该注意些什么？

答：捕蟹与捕鱼的最大区别就在于：前者是一次性的，过时不候；而后者是多次性的，今年捕不干净，明年可以再来。就冲这个根本性的区别，也必须要求捕蟹在管理上比捕鱼更严谨、更细致。管理也是一门科学，捕蟹期间的管理同样需要我们作出正确的决策。

(1)渔船必须集中管理，上下船必须有报告制度，不允许自由进出湖泊。

(2)时间就是命令。捕蟹是一场紧张有序的战斗，下湖、收业、补网、靠岸，都要有明确具体的时间，捕蟹期间任何人不得违反。

(3)科学划定作业区域。渔民下湖后要按指定水域作业，如果自由选择那非乱套不可。另外，渔民两船之间的业次间距不得少于200米，这样才能互不妨碍。

(4)插好航道警示标志。湖泊布满捕蟹业次后，所有船只都只能按指定航道行驶,而不准信马由缰,这样才能避免机船打烂网具,影响生产和产生矛盾。所以必须插好警示标志以确保航道通畅。

(5)守兜为主,巡查为辅。捕蟹期间的湖泊就如同一个露天银行,乞望不法分子不偷不抢是不可能的,这是每一个养蟹投资者头痛但又不能回避的问题,依赖公安毕竟警力有限,要加强自主防范。防范一定要抓住重点,以集中布业的重点水域为主,确保网兜安全,平衡使用保安力量。

十四、成蟹的长途运输

107. 成蟹长途运输有哪几种方法?

答:池塘或小面积养蟹一般产量少,起捕容易,便于就地零售。而湖泊养蟹一般都有几万甚至十几万千克的产量,就地销售市场容量小、价格低,显然是不现实的。所以必须通过长途运输,把成蟹运到常州、上海、广州、深圳甚至香港的河蟹专门市场去批发销售,才能让自己一年的劳动成果卖个好价钱。

但随之问题就来了,九十月间气温尚高,河蟹长途运输一般都要十几个小时,用什么办法来确保成活率呢?其实长途运蟹的办法很多,从交通工具来说,快捷的有空运和陆运,陆运中又可以分别选择活水车、空调车、厢式保温车和敞篷货车。包装可选择网袋包装、竹篓包装和泡沫箱包装。具体选择哪种办法,那就要根据当时的天气、路途时间的长短和运输量来确定了。

108. 长途运蟹的成活率为多少属于正常?

答:任何水生动物起水后,时间长了和运输方法不当都有可能死亡，何况是长途运输对高温比较敏感的河蟹。长途运输后的商品蟹成活率是否正常没有一定之规，以我个人的实践提出个标准供大家参考：河蟹经长途运输一般都有3%左右的正常失水损耗（活水车运输除外），在此之外，10小时之内2%、10小时之外3%的死亡属正常死亡。也就是说，途中运输以10小时为界，经长途运输后，商品蟹的成活率如果能够分别达到98%和97%的标准，应该算作正常了。

109. 长途运蟹前必须做好哪些准备？

答：刚起捕的河蟹是不宜长途运输的，否则死亡率会高得惊人，所以，运蟹前必须做好四件事：

（1）进围网暂养。尤其是那些湖泊资源差的湖泊，起水的成蟹肥满度肯定不理想，必须先进围网用优质动物性饵料进行强化暂养。暂养时间一般在15天以上。河蟹膏肥、肉满、活力强是确保长途运输成活率的关键。

（2）吊篓透水。即使是经过强化暂养的河蟹，二次起捕后也不能马上装车启运，因为河蟹鳃部泥沙不净也能直接影响运输成活率，所以必须先用蟹篓吊在水中透水3～4个小时，使蟹鳃中泥沙褪尽。用蟹篓透水时篓中装蟹不能太多，太多则活动空间狭小，透水效果不理想，一般应以半篓为宜。

（3）严格滤水。透水后的河蟹也还不能马上启运，干运的河蟹含水过多同样影响成活率。应该将蟹篓起水后集中平放,让篓中透过水的河蟹自行滤水 1 个小时,才能达到正常的含水标准。

(4)雌雄分检。将滤过水的河蟹严格分检出雌雄后,就可以打包装箱了。

110. 运蟹时间在 10 小时之内用哪种方法好?

答:当 9、10 月份气温尚高时,如果途中运蟹能控制在 10 小时之内。最经济适用的运输方法是竹篓包装,用厢式保温货车运输。每篓装 12.5 千克商品蟹,篓底先垫上一层浸湿过的蒲草垫,装满蟹后再盖上一层湿蒲草垫,然后用细铁丝将盖绞牢,篓内的河蟹要不紧不松,以不能爬动为宜,且装篓时每只河蟹都必须正放,不能腹部朝上。车厢内应预先在底部放置低温(-18℃冻结)大冰块(每块 10 千克)6~8 块,冰块上盖上木板就可以装车了。装满蟹的竹篓可以横直错篓码放,码放 3 层后必须加一层木板,然后可以在木板上再码放3~4层,顶部只需留出一篓高度的空间就行了。车厢后部必须码满,使蟹篓在运输途中不至于倒覆,车厢装满后就可以启运了。

111. 运蟹时间超过 10 小时用哪种方法好?

答:最经济适用而且最保险的莫过于泡沫箱加冰密封后用箱式保温货车运输。两湖地区的商品蟹运到国内 4

大河蟹批发市场,一般少则15个小时多则20个小时,还非得用这种方法运输不可。下面详细介绍泡沫箱加冰运蟹的方法:

(1)材料:45厘米×60厘米的泡沫箱,可以从专营反季节蔬菜的菜贩处大量回收,要预先在箱壁四周和箱底各钻一洞,洞口食指能入即可;封口胶带;瓶冰和块冰,瓶冰用矿泉水瓶装水冻结,块冰每块重10千克,均为-18℃的低温冰块,勿用-5℃的高温冰块;装蟹专用的膨塑网袋。

(2)操作程序:第一步,用膨塑网袋装蟹,每袋5千克,扎紧袋口后袋内河蟹要适度宽松,上面的河蟹可以勉强活动。第二步,装箱。每箱4袋,挤放拍平,然后在箱的四角空当处各插入一瓶瓶冰(亦可先放瓶冰后装蟹),插瓶冰时最好能用泡沫薄片将瓶冰与蟹袋隔开。第三步,封口。盖上泡沫箱盖,如有凸起要拍平,盖严实后用封口胶带封口,然后再用封口胶带对整个泡沫箱作"十"字封绑,以防搬运和堆压时泡沫箱破损。第四步,装车。将泡沫箱错位摆放,每叠放两箱为一层,每层再嵌入一层宽10厘米、厚1.5厘米、长与厢体内空宽度相等的杉木条板若干,总高度以叠放五六箱为宜,要码放整齐紧凑,箱与箱之间不留空当。第五步,装冰。车厢后部留出与大块冰厚度相等的空档,竖着或横着塞进6~8块大冰块,然后关上车厢门就可以启运了。

我们多年来采用上述方法运蟹到国内河蟹4大批发

市场,途中时间一般为 15 ~ 20 小时,死亡率控制在 2% 以内,且开箱后商品蟹的活力与当地蟹一般没有区别。目前这种办法正在迅速推广。

112. 成蟹装箱时还应该注意些什么?

答:为了确保商品蟹运输的成活率和开箱后销售的方便快捷,成蟹在装篓、装袋时还应该做好以下五项工作:

(1)严格雌雄分装,这一点前面已经讲过,不再赘述。

(2)按市场要求分级包装。东部市场(常州、上海)与南方市场(深圳、广州),中国内地市场与中国香港市场对河蟹批发的规格分级以及篓(袋)装重量标准不一,这就要求,我们在装篓(包)时必须根据市场的不同要求,严格分好级和把握好重量标准。

(3)残次蟹要分装。一定不能将残次蟹混入正品蟹,这种以次充优的行为也许能获利于一时,但终究会败坏企业形象。

(4)挑出弱蟹就地销售。弱蟹就是我们俗称的"弹簧腿"、"散黄蟹"、"早熟蟹"及"懒蟹",这些河蟹或体质差或受过重创,它们经不起长途运输的折腾,即使不在途中死亡,进入批发市场也很难有人问津,且影响企业形象,还不如就在当地廉价销售合算。

(5)贴好标签。要将箱(篓)内商品蟹的雌雄、规格、重量等内容写在标签上,然后将标签固定在箱篓的外包装上,这样卸车批发时能够一目了然,既不用翻箱查找,又可以节省时间。

113. 运蟹的方法还有哪些?

答:下列方法虽不及上述两种方法经济适用,但有条件的单位在某种特殊情况下也不妨一试。

(1)空调车运蟹:车厢内应先添置分层铁架,铁架架空按50厘米高度焊制,每层均镶嵌满2.5厘米厚度的杉木板。用膨塑网袋装蟹,每袋5千克,扎口后松紧适宜,以蟹不能爬动为宜。装车时每层按两袋错位相叠紧凑码放。装满后箱内应保持20℃的恒温,然后关严厢门就可以启运了。

(2)活水车运蟹:4吨的活水车先装2吨的清水,再均匀放入膨塑网袋装的商品蟹2吨,然后将数10个气石均匀插入水底,盖好水箱顶盖,随车的增氧泵通过塑料管和气石在途中不间断地增氧就行了。

前面介绍的四种运蟹方法,只限于在9、10月高温天气时使用。其实,进入11月天气转凉变冷,日最高温度降到了20℃以下,就可以用竹篓或泡沫箱(不用放冰)简易包装后上篷式货车运输。不过在蓬式货车竹篓敞运时必须注意一点:用浸湿的麻袋片或旧棉毯将货物顶部盖严,避免途中风吹造成河蟹鳃丝干涸影响成活率。

十五、河蟹的病害防治

114. 湖泊养蟹会有病害吗?

答:一般来说,湖泊养蟹不同于池塘等小水面高密度养蟹,只要选好蟹种、运输途中不将扣蟹挤压致伤,基本上不会有什么疾病伤害。河蟹即使带了某种疾病下湖,由于湖水清新水体容易交换,某些带病蟹就如同一个慢性病人由贫民窟搬进了疗养院,大都无须吃药就能痊愈康复。再说了,偌大个湖泊即使河蟹发了病,你除了勤换水和撒些生石灰外,再好的治疗方法又如何实施呢?

但是话又说回来,万一有人选购蟹种时走了眼或是运输途中不小心将蟹种挤压致伤,而这些病伤蟹种又下了湖泊的暂养围网怎么办?所以还得掌握简单易行、可操作的治疗方法进行药物治疗。

115. 如何识别和治疗蟹病?

答:河蟹容易得的疾病可以把它归纳成5类:细菌性疾病、真菌性疾病、病毒性疾病、原生动物引起的疾病和蜕壳障碍症。除第5类疾病属河蟹及甲壳类水生动物的"专利”外,前 4 类属于与鱼类共患的疾病。这些病蟹下湖后如果还处于围网暂养阶段,尚有药物可治。如果已经拆掉围网散向了湖泊,虽治法相同,但几乎不可能实施了。因为我养蟹 20 多年还没听说有谁向茫茫湖泊投药来治疗蟹病的。真要治的话恐怕也只能是换换水撒撒石灰,我们姑且把它叫做“保守疗法”或“恢复性理疗”吧。

河蟹常见的细菌性疾病有烂肢病和水肿病,其病因均为运输途中的过度挤压碰撞或在蟹种池时敌害过多造成了创伤,而伤损部位又被不洁水体的病菌侵入感染所致。前者的症状表现为附肢及腹部腐烂,肛门排泄孔红肿。后者腹部及背壳下方肿大呈透明状。两者均厌食甚至拒食,趴在网衣上久不离去,驱赶也不愿离网。细菌性蟹病除可用 1×10^{-6}的土霉素或呋喃西林全围泼洒外, 烂肢病还可以每星期泼洒一次生石灰水, 连泼洒 3 次,用量浓度也为 1×10^{-6}。而水肿病还可用土霉素或红霉素拌成药饵投喂,用药按每 500 千克河蟹 1 千克药物的剂量,连续投喂 7～10 天。

真菌性蟹病主要是水霉病,病因也是由于霉菌自创口侵入所致。症状为患处有灰白色绒毛状菌丝,行动迟缓呆滞,蟹体瘦弱且无法蜕壳。治疗办法是病蟹下湖前先用 3% 的盐水浸泡 5 分钟。若已下围网,可用 5×10^{-7}的氯化钠在围网中心区泼洒。该药如果溢出网外会对鱼类有一定影响,所以一定要慎用。

病毒性蟹病主要是近年来发现的颤抖病一种，病因也是由于蟹塘长期水质不良而且放养密度过大，致使蟹体感染小核糖核酸病毒所致。症状表现为腹水、步足无力、静止时即颤抖不止、鳃丝发黑。治疗办法一是在围网内泼洒 1.5×10^{-5} 的生石灰水，二是泼撒漂白粉达到 1×10^{-6} 的浓度，三是用磺胺脒配制药饵投喂一个星期，第一天用药量为 10 千克蟹种用药 1 克，次日后减半。

原生动物引起的疾病最常见的是蟹奴病。其病因是由于蟹种池长期水质不良，含盐量严重超标，加上放养密度过大所致。蟹奴病的症状表现为腹部臃肿，揭开脐盖可见乳白色半透明状的虫体，脐盖特征为雌雄两性难分，俗称“两性蟹”。治疗方法轻者无须用药，放进清新水域内不日自愈；重者可用 7×10^{-7} 浓度的硫酸铜和硫酸亚铁合剂（5:2）在围网内泼洒。

蜕壳障碍症又称蜕壳不遂症和卡壳病，主要是营养严重缺乏而且单一所致。症状表现为无力蜕壳和“卡壳”，外壳发黑，头胸部和腹部可见裂痕。治疗方法一是加强营养饵料的投喂；二是在围网中泼洒生石灰水达 1.5×10^{-5} 浓度，每 5 天 1 次，连泼 3 次；三是用禽蛋壳、干虾等捣碎后拌入饵料投喂，以补充病蟹体内钙质之不足。

鼠害是除凶猛鱼类之外对河蟹危害最大的一种敌害，我们常常在湖泊边发现一摊摊蜕壳蟹的残骸，少则三五只多则数十只，那全是岸坡边的老鼠所为。防治的方法一是用磷化锌药杀，但必须及时捡走掩埋死鼠，以免河蟹误食。二是河蟹蜕壳期间沿岸边鼠害猖獗区每日喷洒30%的强氯精，用超强刺激性气味将其驱赶，效果也十分显著。

十六、河蟹的烹制及其商业价值

116. 河蟹烹制前如何清洗?

答:人人都知道河蟹好吃,但那脏兮兮的螯绒和脐盖内的污秽必须清洗干净才能烹制。可面对张牙舞爪的河蟹,却令人望而生畏,束手无策。常常有人因清洗方法不当被螯夹夹得皮开肉绽,鲜血淋漓。如果硬要跟河蟹对着蛮干十有八九要吃亏,尤其是要洗的河蟹很多时,那就更会让你叫苦不迭。现介绍一些清洗污法:

首先,在塑料桶里倒入适量清水后再倒入适量高度白酒,然后将活蟹倒入桶内,水平蟹背即可。浸泡一个钟头后活蟹肯定"战斗力"大减。

第二步将蟹倒进竹篓,在水池中和水龙头下使劲晃动淘洗。经过一醉一晃,河蟹不但身上的泥沙污秽早已去掉大半,而且凶焰消退变得驯服多了。

第三步用掌根部压住螯角,可揭开脐盖用废旧牙刷彻底清洗里面的污秽,完了再用衣刷清洗螯足上的绒毛即或进行烹制。

117. 怎样烹制河蟹?

答:河蟹烹制的方法多达数十种,现介绍 3 种最简单易学,又大众化的烹制方法,包你能像清代大文豪李渔那样,品尝后也会发出“无以上之”的赞叹来。

清蒸全蟹:这是江浙人最常用的一种海派做法。将洗净的活蟹用线绳或蒲草将螯足和步足全部并拢缠牢,然后将蟹仰放进蒸屉中用大火清蒸,蒸屉上大气后用中火继续蒸 10 分钟即可。在蒸蟹的过程中你也别闲着,按李渔“佐以姜醋”的嘱咐,取嫩姜若干细切成末,放在碗碟之中,再倒入适量香醋,然后从蒸屉中取出蟹来,解除线绳、蒲草,蘸姜醋而食,你就能品尝到大闸蟹那种“无以上之”的原汁原味了。

香辣蟹:这是近年来湘川等地民间美食家集体智慧的结晶,也是海派风味与湘川风味的有机结合,既保留了海派的鲜嫩,又掺进了湘川的香辣,让你入口不忘,回味无穷。具体做法是:先将洗净的活蟹逢中一砍两开,待锅内参有嫩姜末、八角茴、桂皮的食用油烧到八分热,将蟹块倒入锅中翻炒约 30 秒,待蟹壳开始变红时倒入优质啤酒,啤酒以平蟹为度,略加翻炒后加盖文焖,待倒入的啤酒还剩一半时再加入尖椒末、花椒、蒜瓣和适量啤酒,然后不时浇汁翻炒,待汤汁变稠蟹香浓烈,最后加入适量细盐、料酒、鸡精、酱油、香油、葱末和陈醋,略加翻拌即可出锅上桌了。

蟹鱼火锅:先将洗净的0.5千克活蟹横直两刀每只砍成均匀四块,放进陶瓷煲中用凉水煲汤。另一项案头工作是取1.5千克以上的活乌鳢一条,去皮、头、骨、内脏,然后将鱼肉片切成蝴蝶状薄片备用。待蟹汤煲成乳白色后倒入旺火的火锅中,加入适量细盐、细姜末和香油,就可以用筷子夹着蝴蝶状的生鱼片在翻滚的蟹汤中"涮"着吃了。经滚汤涮过的鱼片其嫩无比,细细品尝分明集两鲜双嫩之大成,既不失鱼味又饱含蟹味。

118. 吃河蟹有禁忌吗?

答:河蟹虽然味美,但吃它却有四大禁忌:

(1)皮肤过敏的人不能吃。按中医学的观点,河蟹与虾一样同属凉性,吃虾过敏的人更不能吃蟹。

(2)死蟹不能吃。大闸蟹属高蛋白食物,死后容易腐烂变质,高温时更甚。河蟹死后体内的组氨酸在常温下就能分解产生大量的组胺和类组胺物质,这些都是有毒的。组胺的分子结构相当稳定,即使煮熟也不能破坏和改变这些毒素的化合结构,所以摄入一定数量就可以使人中毒。

(3)病人和孕妇不能吃。患伤风、腹泻、胃痛、发热、十二指肠溃疡、胆囊炎、胆结石、肝炎、急慢性胃炎、高血压、高血脂、冠心病、动脉硬化的病人吃了大闸蟹,轻则诱发和延缓病情,重则可使病情加重。蟹黄能使孕妇堕胎,所以孕妇不能吃大闸蟹。

(4)河蟹与柿子不能同吃。因为柿子中多含单宁酸，这种物质与高蛋白混合后极易形成结石，这也不是闹着玩的。另外，吃蟹后不能立即喝凉水、生水和茶，也不宜立即进入降温的空调室和用冷水洗澡，因为身体骤然受凉，能使胃对蟹的消化能力大大降低，而蟹存胃时间过长又久不消化，会让人感到坠胀，很不舒服，严重地会引起腹痛、腹泻和头晕。万一食蟹不当出现了上述不适或中毒症状，解法有二：一是用冬瓜搅碎滤汁后饮用，二是用紫苏 15 克、生姜 10 克加水熬汤服用。

既然死蟹不能吃，要是家里河蟹太多，一时吃不完怎么办？其实办法很简单：首先必须干放，千万别放在水里养着。可将活蟹正放在干水桶内（可以堆码但不能仰放），在蟹背上严严实实盖上一层浸过水的破旧湿棉毯，然后将水桶置放在阴暗安静的角落里就行了。气温在 25℃ 左右放三五天没问题，天气寒冷时河蟹肥满、活力强，能放 10 天以上。还可以用膨塑网袋装上河蟹，置放在家用冰箱的冷藏层内，也能放 10 天左右。但是如果当时气温较高，瞬间降温十几度，河蟹容易出问题。可以在冰箱停电的状态下敞开冰箱门，让冰箱内外同温，然后将河蟹放进冷藏柜，关上冰箱门，将冰箱通电开启就行了。

119. 河蟹有哪些药用价值？

答：河蟹的药用价值，在我国古代《本草纲目》等药学巨著中都有记载,这些典籍都确认河蟹经焙制后,具有止热、化血、续筋、接骨之功效,用于治疗跌打损伤、烫伤和改善儿童生长发育不良都有显著疗效。具体疗法是:

将河蟹焙干碾成粉末,每次10克左右用温酒对服,可治跌打损伤;用热烧酒送服可治妇女产后枕痛;用酒调和搓成药丸,每日口服一凹掌左右的剂量(早、晚各一次),能治湿热黄疸。

而蟹壳焙焦碾成粉末后,用米汤送服可治妇女产后血崩和腹痛;用开水或温黄酒冲服,可治妇女乳腺诸症。

120. 河蟹还有哪些商业价值?

答:随着科学技术的飞速发展,河蟹的商业价值正日益被人们所重视。20世纪70年代,以蟹泡制保健药酒,现在将蟹壳经过去脂、去钙和脱酸等化学加工处理后,能制成可溶性甲壳素。甲壳素在纺织、印染、合成纤维、塑料、造纸等工业领域内都具有广泛的用途。

以甲壳素为原料再提取几丁胺后,可制成外科手术用的缝合线。与其他缝合线相比,用这种缝合线缝合后,病人伤口感染的风险会大大降低,而它最大的优越性还在于可以被人体所吸收,手术患者不会再有拆线时的痛苦。

甲壳素经过再加工可以制成酮酸,酮酸不但是处理废水的一种好原料,而且被用于在海水中提取工业铀,这项技术目前已经取得了可喜的进展。

甲壳素在农业上可用于拌种和研制新型杀虫剂,既高效又环保,不会对农作物、土壤和水源产生有毒有害物质残留,其应用前景十分广阔。

附 录：

东湖河蟹养殖技术研究

朱建华
（华容县水产局 414200）

摘 要：本文论述了东湖近几年来河蟹养殖兴衰的原因，指出了目前养蟹普遍存在的问题，并从实践中总结出"反网垂帘式"圈围养蟹防逃技术，取得了较显著的效益。同时，介绍了东湖养蟹的实用技术，为广大河蟹养殖者提供很好的参考。

关键词：河蟹 防逃 捕捞

东湖属低 Ca^{2+} 质的中富营养型湖泊，有水面 1870 公顷，集雨面积达 110.26 平方千米，水深为 3～6 米，水质清新；水体 pH 值为 6.5～8.9；底栖生物十分丰富，共有 18 个属，生物量达 33.96 克/平方米，其中球形无齿蚌、沼螺的资源量为 16.98 克/平方米，占底栖总生物量的 50%；水生维管束植物生长面积约为 800 公顷，占总水面的 40%，资源量为 18.5～22.5 吨/公顷，其中苦草约占 60%，茨藻约占 11%。上述资源优势，为河蟹养殖奠定了坚实的基础。但是，在"东湖生态渔业技术研究"项目实施前的 1986 年和 1990 年，该湖两次引种放养河蟹，均告失败。其中，1986 年投放仔蟹 8 万只，结果无一收获；1992 年投放长江扣蟹 34 千克，结果仅捕获成蟹 44 千克。由此，形成了"东湖不能养蟹"的观点。1994 年我们通过资源分析认为，东湖养蟹条件得天独厚，河蟹增殖势在必行。过去两次试养失败,原因有三:一是“人放天养”,养殖技术落后;二是春季东湖进出水流量大,水位落差一星期之内可达2米以上,当时栏帘设施年久失修,根本无法防止蟹种外逃;三是捕捞时机掌握不准,捕捞方法原始落后。课题组在与渔场统一了上述认识的基础上,改进养殖技术,分别于1994年、1995年进行河蟹养殖,均获得了成功。

1 产量和效益

1.1 投种时间、数量和规格(见表1)

表1 河蟹投放时间与数量

投种时间	途中运输时间(小时)	重量(千克)	数量(只)	规格(只/千克)
1994年1月28日	18	150	21000	140
1995年1月20日	19	307.7	40000	130

两次扣蟹均从上海崇明岛引进,经鉴别系正宗长江中华绒螯蟹,第一次纯度为96%,第二次纯度为98.5%。

1.2 起捕时间、产量及回捕率(见表2)

表2 河蟹起捕量统计

起捕时间	起捕量(千克)	数量(只)	平均规格(克/只)	回捕率(%)
1994年10月13日至11月2日	1255.4	6678	188	31.8
1995年10月3日至11月15日	2844.2	14080	202	35.2

从捕获的成蟹分析，1994 年 250 克以上、200 ~ 250 克、150 ~ 200 克、150 克以下的规格比例为 1.8∶4.6∶2.9∶0.7，雌雄比例为 56∶44，最大成蟹个体重 410 克，为雄蟹；最小成蟹个体重 108 克，为雌蟹。1995 年上述规格段的比例为 2∶4.8∶2.7∶0.5，雌雄比例为55∶45，最大成蟹个体重485 克，为雄蟹；最小成蟹个体重 116 克，为雌蟹。

1.3　效益分析

1994 年收入为 225972 元，每千克均价 180 元，获纯利 115772 元，利润率为 105%；1995 年收入为 540398 元，每千克均价 190 元，获纯利 322998 元，利润率为 148.6%。

表 3　东湖养蟹成本标算

年度	蟹种（元）	饲料费（元）	围栏折旧费（元）	管理工资（元）	捕捞工资（元）	合计（元）
1994	80000	3000	8500	4500	14200	110200
1995	170000	5000	8500	1500	32400	217400

2　研究方法及实施步骤

2.1　确立正确的技术方针

我国大水面养蟹，目前尚停留在“人放天养”的水平，这种养殖方式在江苏、浙江、安徽即长江下游一带的湖泊，往往是奏效的，而在两湖等长江中上游一带的内陆湖泊，却风险极大，如湖南省 1994 年 30 多个养蟹湖场，除东湖、君山等4 ~5 个湖场盈利外，其余全部亏损，少的数万元，多则数十万元，部分湖场贷款养蟹，因亏损巨大负债累累而一蹶不振。原因是多方面的，但笔者认为，其中最大的、也是目前仍被人们忽视的一个重要原因，就是长江中上游与长江下游一带湖泊的水文条件截然不同：长江下游一带湖泊常年水位平稳，利于河蟹“安家乐业”，外逃现象相对较少；而长江中上游一带的湖泊，一般冬春两季水位落差较大，往往数日之内，进出水位落差高达2～3米，如东湖记载，1993年5月14日水位为26.30米，由于连日暴雨，5月20日水位高达29.36米，6天骤涨3.06米。另有相当一部分内陆湖场，至今沿袭春末夏初“灌江纳苗”的历史传统，人为引江水灌湖，蟹种流失也是相当惊人的，而河蟹前期的群集溯水性极强，这对防逃设施本来就形同虚设的养蟹湖场来说，无形中为蟹种溯水外逃创造了符合其生理特征的有利条件。仲秋过后，成蟹性成熟，其群集顺江洄游特征十分明显，这对习惯于利用外江、内湖水位落差“踩溜”的内陆养蟹湖场来说，若捕获时外江水浅落差大，河蟹回捕率还比较理想。而一旦捕获时外江水位持高不退，与内湖持平，则只能“望湖兴叹”，使本来到手的经济效益最终无法实现。基于上述情况，我们在东湖养蟹过程中，确立了“两头暂养，重点防逃，趋利避害，综合捕捞”的方针，即：1～5月，对蟹种进行圈围精养，6月初待外河关闸（水利部门调蓄惯例），内湖水位相对稳定，且湖草普遍长高至20厘米以上时，再将蟹种散向大湖，这对防止蟹种外逃，加速前期生长，保护水下草原，可谓一举三得。重阳节后，对起捕的成蟹实行专池暂养，这样，可以利用时间差获得季节价格差。所谓“重点防逃”，主要是改进河蟹暂养圈围和湖场进出水口防逃设施，最大限度保证河蟹不外逃。“趋利避害”有两层意思，一是指河蟹暂养、管理、捕捞等生产全过程都要趋附于河蟹本身的生理特征及生活习惯，二是指在暂养圈围内要严格搞好清野除杂，防止凶猛鱼类对蟹种的侵害。“综合捕捞”就是不能完全依赖“踩溜”，而应该多种网具多种方式结合捕捞，抓住季节，掌握捕蟹主动权。

2.2 实施步骤

2.2.1 建好蟹种暂养圈围。1994 年 1 月上旬，耗费 2.55 万元，在东湖一号栏塞以北 800 米，距东风堤 30 米处建起了一处面积为 2.7 公顷，呈椭圆形状的蟹种暂养圈围，笔者根据国内养蟹圈围式样改进设计，定名为“反网垂帘式”防逃养蟹圈围，其断面见图 3。

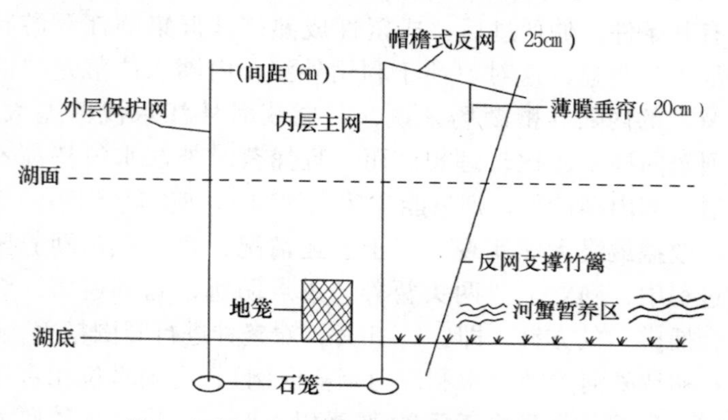

图 3 河蟹“反网垂帘式”暂养围网断面示意图

外层保护网：用 3×3 聚乙烯网片，网目为 4 厘米，与内层主网间距 6 米，便于小船进保护“巷道”操作。保护网用竹篙支撑，篙距 4 米。网脚用石笼入泥。

内层主网：用3×4聚乙烯网片，网目为3厘米。竹篙支撑，篙距2米。网脚用石笼或反锚入泥。

信息地笼：规格为40厘米×60厘米×30厘米，沿内外两层网之间的巷道靠近主网置放，通过每日两次检查，可准确判断暂养围网内的河蟹是否外逃和外逃的具体部位。

反网及支撑杆：反网边沿纲绳，每3米左右向内斜插一根竹竿，支撑杆距反网细绳边沿40厘米左右，用细铁丝穿反网纲绳拴在支撑杆上，绷紧固定，使反网呈平直鸭舌帽沿状。

薄膜垂帘：垂帘薄膜最好选用优质防逃塑料膜，用针将其缝置在反网纲绳上即可。垂帘防逃膜稍有微风或触动即晃动，河蟹根本无法在上面驻足逾越。笔者曾多次长时间在圈围边观察，发现不少河蟹都是在反网纲绳与垂帘接口处几经试探，最终“望而却步”，沿来路返回水中。

2.2.2 严格清野除杂。蟹种圈围选择建在底层比较平坦，淤泥层厚达15厘米左右，水草比较茂盛的水域。该水域最低水深不低于0.5米，最高水深不超过3米，网墙距堤岸最近处30米，水老鼠无法对其进行破坏。圈围建好后，用锛钩、地钩、“踩脚跟”、电瓶捕鱼器（仅限在圈围内使用）等多种渔具、渔法，将圈围内的乌鳢、鳡鱼、鳜鱼、鲶鱼、黄颡等凶猛肉食性鱼类清除干净。

投放蟹种后，鉴于冬末春初湖水较浅，鱼鸥等鸟类易对蟹种构成伤害，使用鞭炮、鸟铳对群集鸥鸟进行驱赶，使其不能靠近圈围。

2.2.3 科学投饵精养。据观察，蟹种越冬后，在水温10℃～12℃时开始活动，15℃时开始摄食，18℃以上时摄食力呈旺盛状态，这时可以按计划投饵喂养，饵料以蚌、螺、小鱼虾等肉食性饵料为主，每7天掺投一次马铃薯块（七成熟）、米饭、加脱壳素的饼麸类硬颗粒等植物性饵料。在圈围内设置6个贴泥食台，所有饵料都定点投喂。根据河蟹昼伏夜出的特点，投饵一般在下午四五点钟时进行。肉食性饵料投喂标准是：第一次为蟹种总重量的5%，螺、蚌必须将壳敲碎，且清除其不可食部分。以1994年为例，入围蟹种150千克，第一次须投肉食性饵料7.5千克，螺、蚌的壳肉比约为7:3，那么投喂的带壳螺、蚌则为25千克。每次投喂量持续7天，之后每7天增加一次；增加量为前一次投喂量的15%～20%。植物性饵料投喂量基本与动物性饵料投喂量相同，但开始投喂时必须留有一定余地，以能吃完为度，因为河蟹饵料变换有个适应过程，这样可以减少浪费。另外，春末寒潮、阴雨频繁，在寒潮期间，要注意观察，饵料可以暂时停投或少投。

2.2.4 加强管理。日常管理除了定时、定量、定点投饵外，主要是做好三件事：一是勤检查，发现圈围破损及时修补。二是设置荫蔽物。经过 1994 年圈养，1995 年圈围内水草基本损失殆尽，给蟹种栖息、脱壳带来一定困难，针对这一情况，用高秆稻草扎成 20 个“∧”形人造荫蔽物，较好地解决了这一问题。三是及时驱赶鸥鸟，不让鸥鸟对蟹种造成伤害。

2.2.5 适时拆围。拆围限期最迟不超过 5 月中旬，具体时间视两种情况而定：一是与水利部门保持联系，确定东湖与外江相通的插旗闸的关闸时间（一般在 5 月中下旬），在关闸后拆围，因为关闸后湖水能保持相对稳定。二是水草普遍长到 20 厘米左右时可以拆围，这样，可以起到有效保护水下草原的作用，使东湖生态渔业研究项目在实施上更具科学性。

2.2.6 建好防逃设施。东湖 6 大出水口虽全部建有水泥钢筋栏塞，但其不能有效防止河蟹外逃，为此，在每道钢筋栏塞内侧 50 米处各建一道防逃设施，其式样与圈围相同，只是不插双层箔，采用上下网目均为 4 厘米的聚乙烯网片。

2.2.7 设置观察点。“立秋”后，即将性成熟的成蟹一般群集在距湖岸不远的浅滩水草丛中，排列成蚁动状做定向活动。用洁净河沙在距湖岸10～20 米处设置了 5 处 3 米×3 米的湖底观察点。观察点一般选择在水深不超过1米的水域，其时水清见底，成蟹排列爬行时，经过观察点即历历可见。另外在两大出水口设置两部“迷魂阵”，可将捕获的河蟹进行观察分析。设置观察点的作用是能够较准确地掌握河蟹活动规律，为捕捞业次选址设置提供参考，从而减少盲目性，提高回捕率。据观察，其时成蟹成蚁动状，活动的方向并不完全与成定论的“向东性”相符，倒与弦月升落的方向有一定联系，是趋光性使然，还是其他什么原因？还有待于进一步观察研究，笔者仅提出这一现象，供同行商榷。

2.2.8 捕捞。每年重阳节后组织捕捞，一般20天左右即可结束。捕捞与季节有一定关系，但与水温、水流的关系更为明显。两年中，我们分别于元旦左右在出水口附近的微流水中捕到过零星成蟹。1994年冬，头场大雪时也能捕到，其时气温虽低（1℃~2℃），但水温仍有9℃。至水温降到8℃以下时，河蟹才真正“影无踪”了。水温8℃是否可视为河蟹入泥越冬的临界温度，尚待进一步实践观察。重阳节后开始捕捞，其时如果外河与内湖水位落差较大，水利部门又同意开闸放水的话，在湖口用“踩溜”方法捕捞效果应该最好。但连续两年外河秋水居高不下，水利部门为保农业用水（水稻壮苞）而不同意开闸，为此，用以下三种方法捕捞，效果也十分理想：

（1）“迷魂阵”：一般选择距湖岸300米以内靠近几大出水口的平坦有草水域设置，行帘方向基本与湖岸垂直，行帘长度视湖场情况而定，一般100～150米不等，每50米装对称“兜笼”两个，具体设置图略。用“迷魂阵”捕捞有两点要注意：一是必须每4～5小时起一次兜；二是要将兜笼尾部最后一道“龙骨”提出水面三分之一，用竹篙固定。因为东湖是鱼蟹混养，鱼产量相当高，“迷魂阵”设置后，鱼蟹同时入笼，笼内鱼蟹密度大，时间长，对河蟹出水后的成活率影响很大。

（2）地笼：将地笼横设在进出水口处，在湖水外泄时，性成熟的河蟹群集随水而下的特性在此时最为明显，所以其捕蟹效果比较理想。安装时，地笼一定要横水流设立，绷直，用竹竿固定，底部一定要贴泥，网目4.5厘米右为宜，兜笼安装及起捕与“迷魂阵”相同。

（3）灯光诱捕：将带有反光灯盏的煤气灯用竹片固定架在船头前上方，灯距水面1米左右为宜，选择月朗星稀、风平浪静的夜晚，在水深1米左右的浅滩上，缓慢驾船诱捕，发现蛰伏在水底的河蟹，用手中的长柄（1.5米左右）抄网迎河蟹头部迅速一捞，即可将河蟹捞起。

2.2.9　成蟹暂养。重阳节后一个月左右起捕的河蟹，由于市场货源充足，价格不太理想，一般待“立冬”

过后，市场才日渐紧俏，仅1～2个月时间，通过季节差价可较大幅度地提高经济效益。为此，有必要把成蟹暂养作为一个新的研究目标。具体实施步骤：一是选准暂养水池。要求水源充足，排灌方便，单口池面积3000平方米左右，水深能达到1.5米左右，池底为沙质最好。二是清淤除杂。将池坡尽量夯紧，有条件的，要从七八月份起就做好准备，能提前在池底移植挺水植物，效果更好。三是建好防逃设施。网片规格可用3×5聚乙烯网片，网目4～5厘米，竹竿支撑，下部埋入池埂土中，夯牢，其余式样与蟹种圈围相同，网墙高度0.6米即可。当然，砌围墙、嵌玻璃效果更好，但造价高，使用期短，经济上不合算。使用“反网垂帘式”防逃，其效果同样理想，使用过后很容易拆卸收藏，成本十分低廉。四是严格掌握暂养量，一般暂养量为0.5千克/平方米左右，最多不宜超过0.6千克/平方米。成蟹起水后即下池暂养，岸上搁置时间不宜过长。五是精心喂养，饵料种类、投喂方法及饵料投喂标准与蟹种暂养相同，但必须强调，要定期投喂掺有脱壳素的硬颗粒饲料。因为据我们观察，重阳节后，成蟹有的还能脱1次壳。由于池塘条件无法与大湖相比，落实这一措施，能促进河蟹顺利脱壳。六是在没植水草的暂养池按每200平方米设置1个荫蔽物的标准人工设置荫蔽物。七是科学管理。重点是必须坚持前期每3天、后期每5天排灌一次，每次排出三分之一的旧水后再及时加注新水。另外要日夜巡塘，防止鼠害。八是及时起捕。要注意水温变化，土池不宜无限期暂养。水温接近8℃的临界温度时，要及时干池起捕，不然，挖池捉蟹死亡率高、残肢多，结果会得不偿失。

3 体会与讨论

3.1 关于蟹种投放量

大湖养蟹是一个高投入、高风险、高产出的开发项目。由于受资金的限制，本项目从规模上来说，还有待于进一步扩大。从东湖现有资源状况来看，究竟每年投放多少蟹种适合呢？按该湖有草面积计算，即每7~8平方米有草面积养1只河蟹，则放养100万~150万只是适宜的。而笔者在该项目实施的同时，在与东湖一河之隔的光复湖与当地联营养蟹，该湖有草面积350公顷，其他资源条件与东湖差异不大，饲养方法与东湖相同，而投放蟹种密度为6平方米每只，获得了比东湖更好的效果。由此可见，目前湖泊扣蟹放养密度尚未有确切的标准，必须根据湖泊河蟹的天然饵料基础，在确保饵料生物资源能够得到更新的前提下，合理确定河蟹投放量。今后东湖在经济条件许可的情况下，完全可以逐步加大放养密度，进行摸索探讨。

3.2 关于种源

对于内陆湖场来说，这是一个普遍性的问题。目前，内陆在河蟹人工繁殖技术还没有完全过关、人工育苗还没有形成规模的情况下，每年得花费大量资金到沿海地区去调种，这种生产格局既增加成本、增加风险，对内陆湖场养蟹形成规模效益也是十分不利的。怎样才能解决种源，降低成本呢？笔者认为在人工繁殖远不能满足生产需要的情况下，必须先走“二级培育”的路子，即以省或市为单位在崇明岛建立蟹苗一级培育基地，利用汛期将长江口渔民捕捞的大眼幼体就地淡化培育，20～30天后，待仔蟹规格达每千克6000～8000只时，运到内陆各养蟹湖场，利用圈围、拦汊、鱼池等多种水域，进行二级培育，待次年三四月份时再散向大湖。

3.3 关于商品蟹深加工

河蟹风味独特，肉质鲜美，营养丰富，且具有清热解毒、化淤消积、止痛等多种药用功能。但是，由于它基本属于一种季节性珍稀水产品，上市期短，形成了集中上市生产者划不来、暂养上市消费者吃不起、想吃的时候买不到它、有它的时候又买不起它的局面。于是，市场对科技工作者又提出了一个新课题：如何开展商品蟹深加工，进行营养口服液的研制工作。使其像“中华鳖精”、“中华多宝”那样，能很快风靡全国，畅销全球，拓宽市场。也就是为河蟹养殖挖掘潜力和增加效益。这是亟待解决的问题之一。

注: 本文为作者在担负国家“八五”重点水产科技攻关项目《东湖生态渔业技术研究》时撰写的论文之一。发表在《内陆水产》1995 年增刊上。本书收录时略有删节。

图书在版编目(CIP)数据

湖泊养蟹技术/朱建华著. -长沙:湖南科学技术出版社,2008.4

(农业新技术普及读物丛书)

ISBN 978-7-5357-5215-4

Ⅰ.湖… Ⅱ.朱… Ⅲ.养蟹-淡水养殖-普及读物 Ⅳ.S966.16-49

中国版本图书馆 CIP 数据核字(2008)第 045203 号

湖泊养蟹技术

著　　者:朱建华
责任编辑:彭少富　欧阳建文
出版发行:湖南科学技术出版社
社　　址:长沙市湘雅路 276 号
　　　　　http://www.hnstp.com
印　　刷:三河市祥宏印务有限公司
　　　　　(印装质量问题请直接与本厂联系)
厂　　址:河北省廊坊市三河市黄土庄镇山河营村
邮　　编:065200
出版日期:2014 年 7 月第 2 版第 2 次印刷
开　　本:787mm×1092mm　1/32
印　　张:5
字　　数:83000
书　　号:ISBN 978-7-5357-5215-4
定　　价:18.00 元